Cat Chic

DER GUIDE FÜR EIN STILVOLLES LEBEN MIT KATZE

SAFIA THOMASS

FOTOS

MASAHIKO TAKEDA

ILLUSTRATIONEN

SOPHIE BOUXOM

PRESTEL

München · London · New York

Dieses Buch ist dem Wohl der Tiere gewidmet und soll ein Liebesbeweis für sie alle sein.

Ein Tier ist ein lebendiges und empfindsames Geschöpf. Wir haben Paragrafen, die die Rechte der Menschen schützen, aber welche Gesetze setzen sich ein für die Rechte der Tiere?

Meiner Meinung nach ist es dringend nötig und überaus wichtig, aktiv zu werden und uns bewusst zu machen, dass der Mensch ohne das Tier nichts ist. Auf einem Planeten ohne Vögel, Säugetiere, Reptilien, Fische, Hunde und Katzen würden wir nicht überleben! Erst die Natur, die Menschen und die Tierwelt bilden zuammen das große Ganze, das wir Erde nennen.

Safia Thomass

INHALT

Safia Thomass

Ich habe meine berufliche Laufbahn bei der Presse als Modejournalistin begonnen und danach für verschiedene Firmen im Luxussektor als PR-Verantwortliche und Kommunikationsdirektorin gearbeitet.

Was meine Karriere angeht, war ich immer ziemlich mutig und hielt mich stets an die Devise, dorthin zu gehen, wo man mich nicht erwartet, um für Überraschungen zu sorgen; ich hatte den Ehrgeiz zu beweisen, dass es in der Berufswelt kein Handicap, sondern ein Trumpf ist, eine Frau zu sein.

Heute teile ich meine Zeit auf zwischen meiner Arbeit für das Haus Ladurée und meinem Familienleben.

Ich bin gerne Weltbürgerin, vor allem aber fühle ich mich als Pariserin und kann mir kaum vorstellen, in einer anderen Stadt zu leben.

Meine große Leidenschaft gilt dem Reisen, ich habe allerdings ein Handicap – und zwar meine Katzen. Sie sollen niemals alleine und vor allem nicht lange ohne mich sein, denn wir haben eine sehr enge Bindung aneinander. Ich liebe Tiere – und Katzen im Besonderen. Ich mache gern Streifzüge rund um den Globus, aber mein Pariser Zuhause bei meinen drei Katzen und bei meinem Ehemann ist und bleibt mein Paradies.

Meine

Miezen

...

Vogue du Bonheur de vivre

Katzendame

KARTÄUSER-KATZE (CHARTREUX),
GEBOREN AM 24. JULI 2004

Aussehen:
Blaues Fell, goldfarbene Augen. Vogue ist robust
wie alle Kartäuserkatzen.

Verhalten:
Sie hat einen besonders sanften Charakter und ist sehr umgänglich.
Sie ist außerordentlich verspielt und eine geschickte Jägerin.

Spitzname:
»Post-it«, denn sie »klebt« förmlich an mir.

Ihr kleiner Fehler:
Sie ist sehr eifersüchtig und überlässt das Feld nicht gerne anderen.

Ihre Schwachpunkte:
Die Gier nach Leckerbissen, vor allem nach Butter,
die sie ohne Skrupel stibitzt!

Glamour

Kater

EXOTISCHE KURZHAARKATZE (EXOTIC SHORTHAIR), GEBOREN AM 23. JULI 2011

Aussehen :
Glamour hat ein weißes Fell und goldfarbene Augen, aber auch eine Eigentümlichkeit: Er ist sehr klein für seine Rasse.

Verhalten:
Wie alle Exotischen Kurzhaarkatzen ist er empfindlich und überaus sensibel. Dafür ist er ein Meister des Schnurrens.

Sein kleiner Fehler:
Er ist ziemlich redselig und »plaudert« die ganze Zeit.

Seine Schwachpunkte:
Glamour ist überaus empfindlich und sehr ängstlich, er benötigt ständige Aufsicht und Aufmerksamkeit.

Harper's de Condybelle

Kater

BRITISCH KURZHAAR (BRITISH SHORTHAIR),
GEBOREN AM 9. AUGUST 2012

Aussehen:
Mit seinem weiß-, creme- und rauchfarbenen Fell und den goldenen Augen ist Harper's ein wahrer Riesenkater, denn er ist sehr groß für seine Rasse.

Verhalten:
Er ist sehr verschmust, gesellig und spielt für sein Leben gern – aber niemals allein.

Sein kleiner Fehler:
Wie alle Britisch Kurzhaar ist er sehr eigensinnig, und man kann unmöglich etwas von ihm verlangen, wozu er keine Lust hat.

Seine Schwachpunkte:
Er ist kein großer Esser und interessiert sich nicht allzu sehr für sein Futter.

Dieses Handbuch *ist nichts* für Sie …

WENN SIE GLAUBEN, DASS EINE KATZE NUR NEBENSACHE IST.

Wenn Sie eine Katze für ganz praktisch halten, um den Kindern eine Freude zu machen oder um Ihnen auf dem Sofa Gesellschaft zu leisten, obwohl Sie liebend gerne in Urlaub fahren und selten zuhause sind – dann sind Sie noch nicht bereit für diese wunderbaren kleinen Geschöpfe und Sie sollten noch einmal in Ruhe überdenken, ob eine Katze das Richtige für Sie ist.

Eine Wohnungskatze ist ein wundervolles Haustier, aber auch ein Lebewesen, dessen Wohl voll und ganz von ihrem Besitzer abhängt! Sie ist auf uns angewiesen und wir dürfen ihr nicht unsere Fehler und Unzulänglichkeiten zumuten.

Die kleinen Stubentiger benötigen sehr viel Aufmerksamkeit, Zeit und unerschütterliche Treue. Schenken Sie Ihrer Katze Ihre Liebe und sie wird sie Ihnen hundertfach zurückgeben.

Dieses Handbuch
ist goldrichtig
für Sie …

WENN SIE KATZEN LIEBEN
UND GANZ VERRÜCKT NACH IHNEN SIND.

Stehen Sie zu Ihrer Entscheidung, dann kann nichts schiefgehen und Sie finden in Ihrer Katze einen wunderbaren Mitbewohner.

Meine Katzen sind der Nabel der Welt, und mein Zuhause ist ihr Königreich. Sie beherrschen mein Heim als unangefochtene Majestäten, sicher … aber sie thronen keinesfalls auf dem Tisch (selbst wenn sie das gerne würden), sondern einzig und allein dort, wo ich es für gut befinde. Gute Erziehung ist der Schlüssel zum Glück und der beste Ansatz für ein harmonisches Miteinander. Meine Katzen sind zwar die Könige, aber ich bin die Frau Premierministerin …

Wenn Gäste zu Besuch kommen und das erste Kompliment, das ich von ihnen zu hören bekomme, ist: »Oh! Sie haben aber eine wunderbare Wohnung!«, kann ich da gerne drauf verzichten. Wenn meine Gäste aber sagen: »Oh, was sind das für prächtige Katzen!«, haben sie gewonnen; wir werden einen fantastischen Abend miteinander verbringen, und ich werde als perfekte Gastgeberin glänzen!

Als gute Rudelführerin ist es meine Aufgabe, die Regeln festzulegen. Aber immer behutsam und ohne Druck; die Bedingungen sind so klar und gerecht, dass sie freiwillig akzeptiert werden können. Der wichtigste Grundsatz für Sie und Ihre Katze besteht darin, dass Sie ihr von Anfang an das richtige Benehmen beibringen.

Denn auch wenn ich vollkommen katzenverrückt bin, liebe ich auch mein Zuhause und meinen Mann. Diese Reihenfolge ist zwar etwas ungerecht … aber Sie wissen schon, wie ich es meine!

Vor allem *keine Angst vor* Klischees!

Ja,
ich bin eine »Katzenmama«!

Ja,
ich rede mit meinen Katzen und bin mir sicher,
dass sie jedes Wort verstehen.

Ja,
meine Katzen nehmen einen wahnsinnig wichtigen Platz
ein in meinem Leben!

Ja,
meine Katzenbegeisterung ist fast schon etwas verrückt –
aber ich rauche nicht, ich trinke nicht (nun ja, zumindest
nicht zu viel), daher leiste ich mir dieses Faible …

Ja,
der Fusselroller von Muji® und der Tierhaarstaubsauger von
Dyson® gehören zu meinen bevorzugten Utensilien.
Fast möchte ich Aktionärin der berühmten Marken werden,
so sehr fürchte ich, dass sie einmal aufhören könnten,
diese wunderbaren Produkte herzustellen!

Ja,
die Jagd nach Katzenhaaren ist ein Albtraum, aber da ich allergisch
bin, hat bei mir zuhause kein Katzenhaar eine Chance, auch wenn
das eine Menge Arbeit bedeutet!

Ja,

man benötigt einiges an Katzenstreu, was leider nicht ganz billig ist und daher zulasten von Schuhen, Handtaschen und anderen schönen Dingen geht ... Aber lieber auf das ein oder andere verzichten, als in einer Wohnung zu leben, die nach Katzenpipi riecht. Meine Miezen haben eine zuverlässige Geruchsvermeidungstechnik: Wenn das Katzenklo nicht absolut sauber ist, verrichten sie ihr Geschäft daneben ... Ich liebe dieses Konzept! Meine Miezen sind gut erzogen, – und eine wohlriechende Wohnung ist meine Belohnung dafür.

Ja,

ich gehe – komme, was wolle – alle drei Monate zum Tierarzt und messe sofort Fieber, wenn einer meiner Lieblinge sich seltsam verhält. Wenn sie schlafen, beobachte ich, ob sie normal atmen; und ich achte darauf, dass sie richtig fressen und dass ihre Popöchen sauber sind (was bei jungen Kätzchen besonders wichtig ist).

Kurz und gut,

ich gehe häufiger zum Tierarzt als selbst zum Doktor, aber immerhin weniger oft als zum Friseur! Ich habe drei Katzen und mein größter Stolz ist, dass man es meinem Heim nie anmerken würde, dass hier eine solche Meute zuhause ist – jedenfalls nicht, wenn man meine drei reizenden Miezen nicht auf den ersten Blick erspäht.

Nun, jawoll,

ich stehe hundertprozentig zu meiner Katzenliebe, ich bekenne mich sogar ausdrücklich dazu! Aber nur vor meinen engsten Freunden, von denen die meisten ebenfalls Katzen besitzen – in der Öffentlichkeit vermeide ich Gespräche über dieses Thema.

Das

spricht dafür:

1

2

3

4

5

Das

spricht dagegen:

1

2

3

4

5

• 1 •

WIE FRAUCHEN/HERRCHEN, SO DIE KATZE!

Ich bin absolut überzeugt davon, dass jede Katze wunderbar ist. Wenn man von dieser Prämisse ausgeht, ist alles denkbar. Vom einfachen Stubentiger bis hin zur preisgekrönten Rassekatze – treffen Sie die richtige und zu Ihnen passende Wahl!

»Sage mir, welches Tier du liebst, und ich sage dir, wer du bist!«

PLATON
Der Staat

DAS HERZ SPRECHEN LASSEN

Lassen Sie sich bei der Auswahl Ihrer Katze nicht dreinreden. Ähnlich wie bei einem Einkaufsbummel mit der besten Freundin wissen Sie, dass gut gemeinte Ratschläge nicht unbedingt hilfreich sind und Sie selbst am besten beurteilen können, was zu Ihnen passt, weil Sie Ihrem Bauchgefühl folgen! Bei der Auswahl eines Tieres – ob Katze oder Hund – ist es ebenso. Lassen Sie sich von Ihrem Instinkt und vor allem von Ihrem Herzen leiten.

MEINE GOLDENE REGEL

Die Wahl einer Katze ist keine alltägliche Angelegenheit, und ähnlich wie bei der Wahl des Ehepartners sollte man sich seiner Sache möglichst sicher sein – denn glauben Sie mir, selbst aus dem besterzogenen Kater wird niemals ein Hund!

Man sollte bedenken, dass jede Katzenrasse ihre Besonderheiten hat und dass Tiere – ebenso wie Menschen – unterschiedliche Charaktere haben:

- Wenn Sie selbst ein Dickschädel sind, sollten Sie eine »Schmusekatze« wählen, damit zwischen Ihnen und Ihrer Mieze nicht ständig dicke Luft herrscht.

- Wenn Sie dazu neigen, schnell einmal die Nerven zu verlieren, wird Ihnen eine ruhige und ausgeglichene Katze ihre tägliche Dosis Heiterkeit und Harmonie schenken.

EINE KATZE MIT CHARAKTER

Ich habe festgestellt, dass Menschen, die Siamkatzen lieben, fast immer einen ähnlichen – nicht ganz unkomplizierten Charakter – haben. Besitzer von Kartäuserkatzen wiederum sind oft ausgesprochen herzlich und wahre Lebenskünstler.

Aus diesem Grund habe ich auch meine Vogue ausgewählt; sie ist, ähnlich wie mein Ehemann, immer ausgeglichen und ein treuer Begleiter, man darf sie nur nicht ärgern oder nerven!

Wenn Sie sich, wie ich, für mehrere Katzen entscheiden, hat das den Vorteil, dass Sie mit einem Mosaik unterschiedlicher Charaktere belohnt werden.

Sie werden feststellen, wie individuell Katzen sind und welch unvergleichliche Persönlichkeit jede einzelne hat.

Informieren Sie sich gründlich über Fragen der Haltung, bevor Sie sich eine Katze zulegen, und verschaffen Sie sich einen Überblick über die Besonderheiten und Profile der unterschiedlichen Rassen. Falls Sie sich mehrere Tiere wünschen, sollten Sie dafür Sorge tragen, dass alle gut miteinander auskommen. Manche Rassen sind je nach Charakter und Eigenschaften besser kompatibel miteinander als andere.

EINE GUTE TAT

Wenn Sie Ihre Katze unter den Tausenden von Samtpfoten auswählen, die im Tierheim auf ein neues Zuhause warten, vollbringen Sie damit eine gute Tat. Wie schön wäre es, wenn keine Katze mehr im Tierheim leben müsste! Man sollte jedoch nicht vergessen, dass vernachlässigte Katzen oftmals traumatisiert sind und womöglich mehr Liebe und Zuwendung benötigen als andere.

Auch im Tierheim ist die Auswahl groß, denn es ist keineswegs so, dass nur Hauskatzen ausgesetzt oder abgegeben werden – auch Rassekatzen sind davor nicht gefeit.

SO CHIC!

Ich habe ein absolutes Faible für Kurzhaarkatzen: Britisch Kurzhaar, Exotisch Kurzhaar und Orientalisch Kurzhaar.

Ich liebe alles an ihnen: ihre Erscheinung, ihre Eleganz, ihre Sanftmut …

Sie haben eine ganz spezielle Persönlichkeit und, was ich vor allem so an ihnen mag, einen unbestechlichen Charakter; es steht absolut nicht zur Debatte, dass sie blindlings gehorchen, sie haben ihren eigenen Kopf!

Ich brauche aber auch immer eine Kartäuserkatze an meiner Seite, eine Katzenart, an der alles ganz sanft und rund erscheint, die aber auch recht robust ist. Kartäuserkatzen vermitteln einem das Gefühl, als könne ihnen nie etwas geschehen, und das ist überaus tröstlich und hilfreich.

Meine Wahl fällt immer auf Katzen mit einem mehr oder weniger »flachen« Gesicht. Über Glamour, meinen Exotischen Kurzhaar, sagen mir viele: »Er sieht seltsam aus, dein Kater«; in Wirklichkeit finden sie ihn insgeheim vielleicht hässlich, ich aber finde ihn wunderschön! Nun, über Geschmack lässt sich bekanntlich nicht streiten …

Was Fellfarbe und Zeichnung angeht, hatte ich schon Katzen mit den unterschiedlichsten Fellfarben, und der Farbton beeinflusst in keinster Weise den Charakter. Wählen Sie also nach Herzenslust die Katze, die Ihnen gefällt! Sie sollten lediglich wissen, dass eine weiße Katze schmutzanfälliger ist als andere. Sie können Ihre Entscheidung auch von der Einrichtung abhängig machen: eine weiße Katze in einer hell eingerichteten Wohnung ist wunderbar. Eine weiße Katze in einer Wohnung mit einem dunklen Interieur dagegen bedeutet ein Extra an Arbeit, weil man die Katzenhaare dann besonders deutlich sieht! Ich rate dazu, einfach die Katze zu wählen, die Ihnen gefällt … die Einrichtung können Sie ja entsprechend anpassen!

KATER ODER KATZENDAME?

Ich persönlich habe mich für unterschiedliche Geschlechter entschieden, um Harmonie zwischen den Charakteren zu erzielen.

Meine Kätzin ist verschmuster und anhänglicher als die beiden Kater.

Ich habe meiner Katzendame Vogue den Spitznamen »Post-it« gegeben: Vogue ist eine wunderschöne blaue Kartäuserkatze. Sie folgt mir absolut überallhin und schläft mit halb geöffnetem Auge, weil sie über mich wacht … Ihr kleines Problem: Sie ist übertrieben eifersüchtig und versteht sich nicht besonders gut mit ihren Katzenkollegen.

Die beiden Kater Glamour und Harper's dagegen sind ein unschlagbares Team. Sie sind unzertrennlich, kuscheln stundenlang miteinander und putzen sich gegenseitig das Fell, was absolut niedlich ist!

Die Verhaltensweisen von Kätzinnen und Katern sind unterschiedlich – wie bei uns Menschen auch! Für ein friedliches Dreiecksverhältnis empfehle ich eine Katzendame und zwei Kater. Im Laufe der Zeit konnte ich beobachten, dass diese Art von Trio am besten funktioniert.

ANEKDOTE

Meine blaue Kartäuserkatze Vogue ist eine große Schönheit, sehr elegant und eindrucksvoll, aber auch überaus besitzergreifend. Sie war gar nicht begeistert davon, dass neue männliche Kätzchen in ihr Revier eindrangen.

Ihre Rache bestand darin, dass sie sie systematisch am Fressen hinderte. Bei der Ankunft jedes neuen Katerchens nahm sie plötzlich mindestens zwei Kilogramm zu. Ich musste die Mahlzeiten ständig überwachen und zu der List greifen, den Fressnapf und das Wasser des Neuankömmlings in eine andere Ecke der Küche zu stellen.

Mittlerweile sind die kleinen Kater groß geworden und das Blatt hat sich gewendet: Bald hatten die beiden Kater Oberwasser und ließen das Vogue durchaus spüren! Sie hat nicht mehr die Alleinherrschaft, lässt sich aber dennoch nichts mehr gefallen. Seit sie aufmuckt und sich fauchend auf die Hinterbeine stellt, legen sich die Kater nicht mehr mit ihr an und gehen rasch ihrer Wege – gilt es doch, eine gewisse Form von Haltung zu bewahren!

Anekdoten

über Ihre Katzen

• 2 •

WENN DAS KÄTZCHEN KOMMT…

Der kleine Neuankömmling muss seinen Platz im neuen Zuhause finden! Seine Ankunft sollte immer an einem Wochenende oder in den Ferien erfolgen, damit Sie Zeit für die Eingewöhnung haben: Diese Phase ist überaus wichtig für Ihren kleinen Schützling.

Es ist

das erste Kätzchen *im* Haus

Man muss sich darüber im Klaren sein, dass dieses Kätzchen gerade sein behagliches Nest verlassen hat, dass es getrennt wurde von seiner Mutter und seinen Geschwisterchen, dass sich seine ganze Welt verändert hat und dass es all seine Bezugspunkte verloren hat. Kurz gesagt – es fühlt sich einsam und verlassen und ist völlig verwirrt! Deshalb sollten Sie ihm viel Liebe und Zuneigung zukommen lassen und ihm den nötigen Trost spenden.

DIE EINGEWÖHNUNGSPHASE

Damit sich Ihr Kätzchen gut eingewöhnt, sollten Sie folgende Ratschläge berücksichtigen:

Nehmen Sie irgendeinen Gegenstand (ein Spielzeug oder Kuscheltier) aus dem früheren Zuhause des Kätzchens mit, damit es in der neuen Umgebung einen vertrauten Geruch wahrnehmen kann.

Wenn Sie in einer großen Wohnung oder in einem großen Haus leben, richten Sie schon im Vorfeld ein kleines Eckchen für das Kätzchen ein – das ist der Beginn der Verbindung zwischen Ihrem neuen Schützling und Ihnen. Bereiten Sie für den Neuankömmling einen Rückzugsort in einem ruhigen, abschließbaren Raum vor, wie beispielsweise Ihrem Schlafzimmer. Bad oder die Küche sind ungeeignet als Kätzchens Eingewöhnungszimmer: dort ist es zu gefährlich, zu laut, zu trubelig ... und vor allem zu unbehaglich. Der begehbare Kleiderschrank dagegen wäre auch eine gute Option.

Das Kätzchen sollte mindestens einen Tag lang in aller Ruhe in dieser geschützten Umgebung bleiben. Verschieben Sie den Aufmarsch der Familienmitglieder, Freunde, Nachbarn, die schon ganz begierig darauf sind, den Neuankömmling kennenzulernen, auf später. Lassen Sie auch keine anderen Tiere zu ihm, überhaupt niemanden ... mit Ausnahme von Ihnen.

Vorsicht: Das Kätzchen darf sich an diesem ersten Tag nicht alleingelassen fühlen, deshalb ist Ihre Anwesenheit vonnöten – und darum ist es auch so wichtig, die Eingewöhnung auf ein Wochenende oder in die Ferien zu legen.

•••

DIE WICHTIGSTEN ACCESSOIRES

Das Kätzchen kommt – und mit ihm ein ganzes Sammelsurium an unverzichtbarem Zubehör. Folgendes muss das Kätzchen in seinem neuen Zuhause vorfinden:

1

Katzenklo (zu Beginn eine offene Katzentoilette ohne Deckel-Verschalung);

2

Geschirr mit Wasser und Futter (im Idealfall aus Porzellan);

3

Katzenkorb (obwohl die Samtpfötchen es meist vorziehen, einen Sessel, das Fußende eines Betts oder anderes in Besitz zu nehmen);

4

Kratzbaum: Nichts ist hässlicher und besser geeignet, um eine schöne Einrichtung zu verderben, aber dieses Zubehör ist unverzichtbar. Ein kleiner Kratzbaum ist jedoch mehr als genug, er muss nicht wie eine spektakuläre Jahrmarktsattraktion aussehen; und wenn sich das Kätzchen erst einmal an den Kratzbaum gewöhnt hat, lässt sich für dieses Objekt ein unauffälliger Platz finden;

5

Katzenspielzeug (wie beispielsweise Stoffmäuse, weiche Bälle, Federwedel).

So ist bei der Eingewöhnung für das Wichtigste gesorgt!

NÜTZLICHE ADRESSEN

Hier finden Sie das passende Zubehör für Ihre Katze:

• PYLONES •

Ein Eldorado an schönen Dingen in bunten Farben, da ist für jeden Geschmack das Richtige dabei! (www.pylones.com)

• BHV/MARAIS •

Eines der wenigen Kaufhäuser in Paris mit einer »Katzenabteilung«, in der man alles findet, was unverzichtbar ist! (www.bhv.fr)

• ISETAN MITSUKOSHI •

Edle japanische Produkte für Ihre Katze im »Maison de la Culture du Japon« in Paris! (101 bis, Quai Branly, 75015 Paris)

• HARRODS •

Unsere Freunde in Großbritannien nutzen seit Jahren das wunderbare Kaufhaus Harrods, um ihre schicken Miezen auszustatten! (www.harrods.com)

•WANIMO.COM•

Online-Tierbedarfshändler für alle Produkte rund um die Katze wie Futter, Zubehör, Spielzeug …

• YAZBUKEY •

Tolle Designs für Katzenfreunde! (www.yazbukey.com)

DAS NEUE ZUHAUSE ERKUNDEN

Wenn Ihr Kätzchen ein aufgewecktes Kerlchen ist, wird es sich in seinem neuen Zuhause bald wohlfühlen und etwas futtern wollen.

Wenn es dagegen schüchtern ist, wird es in den ersten Stunden gestresst sein und nicht von alleine fressen. Aber keine Sorge – veranstalten Sie mit ihm ein Futterjagd-Spiel, dann bekommt es vielleicht Appetit.

Wenn das Kätzchen am ersten Tag nicht fressen will, ist das kein Grund zur Sorge, es wird dies später reichlich nachholen …

Am ersten Tag sollte man das Kätzchen oft streicheln, mit ruhiger Stimme mit ihm sprechen, es oft beim Namen nennen und es in aller Ruhe nach und nach sein neues Domizil inspizieren lassen.

Dabei wird es sein neues Reich sehr rasch erkunden, und Ihr Haus oder Ihre Wohnung wird sehr bald zu »seinem Zuhause« werden.

Wenn Sie einen Garten besitzen, dürfen Sie das Kätzchen keinesfalls in der ersten Zeit ins Freie lassen, selbst wenn das Grundstück eingezäunt ist: Draußen gibt es zu viele fremde Gerüche und Geräusche für das Kätzchen, das wären zu viele neue Eindrücke auf einmal.

Es ist das zweite *oder* dritte Mitglied *Ihrer* Katzenfamilie

In diesem Fall sollten Sie wissen, dass Ihre anderen Stubentiger nicht unbedingt erpicht auf den neuen Artgenossen sind. Das neue Kätzchen muss sich in die Gruppe einfügen und in Katzensprache die Machtverhältnisse mit den anderen aushandeln.

Es ist unerlässlich, den kleinen Neuling in der ersten Zeit vor den ausgewachsenen Katzen zu schützen, vor allem, wenn eine Katzendame darunter ist: denn sie reagiert oft besonders eifersüchtig auf neue Katzenkollegen.

Was mich betrifft, so wiederholt sich bei jeder Ankunft eines neuen Kätzchens dasselbe Drama: Ich kann nicht mehr schlafen, weil ich mich um das kleine, zarte Katzenbaby sorge, das nichts anderes möchte, als von den anderen akzeptiert zu werden, und bin fassungslos (»Wie können meine Lieblinge nur so biestig zu dem Kleinen sein!«) – als ob es sich um meine eigenen Kinder handeln würde. Ich breche verzweifelt in Tränen aus angesichts einer derartigen Feindseligkeit in meinen eigenen vier Wänden: Also echt, hier entscheide immer noch ich!

In der Regel dauert es durchschnittlich einen Monat, bis das neue Kätzchen seinen Platz in der Hierarchie gefunden hat und die Harmonie wiederhergestellt ist …

SICH MITEINANDER VERTRAUT MACHEN

Wenn ich mit einem neuen Kätzchen nach Hause komme, schleiche ich mich auf leisen Sohlen wie eine Diebin in meine eigene Wohnung, denn das ist die beste Methode, damit es die anderen Katzen nicht gleich zu Gesicht bekommen! So sehen sie es tatsächlich nicht, aber sie riechen und hören es praktisch sofort ... und hier ist mein Schlachtplan:

Ich bringe das Kätzchen sofort im Schutz eines abschließbaren Raumes unter, aber niemals in meinem Schlafzimmer, denn das ist das Reich meiner anderen Katzen.

Da ich glücklicherweise einen begehbaren Kleiderschrank besitze, wähle ich immer diesen, denn er eignet sich perfekt zur Eingewöhnung. Vor allem die kuschelige Atmosphäre ist sehr angenehm für den Neuankömmling, es riecht nach meinem Parfüm und nach dem meines Mannes; die ideale Duftszenerie für den Beginn der Eingewöhnung. Und: für die anderen Katzen ist hier der Zutritt verboten. Durchschnittlich 15 Minuten nach dem Eintreffen des neuen Kätzchens haben sich all meine anderen Katzen vor der Türe versammelt. Wütend knurrend belagern sie uns mit weit aufgerissenen Augen, um auch ja nichts zu verpassen!

Ich widme mich mehrere Stunden voll und ganz meinem Kätzchen, ich profitiere mit ihm von dieser Ruhephase.

Dann verschließe ich sehr sorgsam die Türe hinter mir und begegne meinen Eifersüchtigen – so, als ob nichts geschehen wäre ...

Die erste Nacht ist für mich immer eine schlaflose Nacht! Ich pendle zwischen meinem begehbaren Kleiderschrank und meinem Schlafzimmer hin und her und bewache das Katzenbaby wie eine Löwenmutter.

ICH BIN DER BOSS!

Bereits am nächsten Tag versuche ich einen ersten Ausflug unter strenger Überwachung, und die anderen Katzen bereiten uns kategorisch kampfeslustig den Empfang. Das Kätzchen und ich müssen ihren Drohgebärden trotzen (wütendes Fauchen, Katzenbuckel, aufgestellte Haare). Kurz gesagt: Man hat uns den Krieg erklärt! Das ist der Moment, in dem ich die Ordnung herstellen und meine Autorität voll ausspielen muss, indem ich in diktatorischem Ton die entschiedenen Worte ausspreche: »Pfui, Pfoten weg, der Neuling steht unter meinem Schutz!« Die Reaktion der anderen Katzen auf meine feindselige Haltung zeugt von nichts anderem als Verachtung, aber sie ziehen sich zurück. Zumindest für einen Augenblick ... denn so schnell geben meine Miezen nicht auf. Aber Gleiches gilt für mich!

EIN HART ERKÄMPFTER PLATZ

Nachdem man sich miteinander bekannt gemacht hat, gehe ich zu ruhigen Spielen über, um das Rudel zusammenzubringen. Als Erste machen die Kater Bekanntschaft miteinander, jeder spielt zunächst noch ein wenig den harten Macker ... Aber sie haben einen guten Kern, meine Miezekaters, und so sind die Feindseligkeiten rasch vergessen! Sie mochten einander praktisch sofort und taten sich schließlich unter Katern zusammen, um »gemeinsam stark zu sein«. Und als Glamour dann vor den Augen der absolut angewiderten Vogue damit begann, Harper's Fell zu putzen, da wusste ich, dass die Schlacht, zumindest im Hinblick auf den männlichen Teil unserer Katzenfamilie, gewonnen war. Wie hätte man(n) aber auch dem Spieltrieb widerstehen können.

MEINE GOLDENE REGEL

Die Erziehung beginnt bereits mit der Ankunft des Kätzchens. Man muss zärtlich sein, aber immer konsequent bleiben, denn mit Hausregeln scherzt man nicht! Die guten Manieren (das Katzenklo benutzen, nicht die Vorhänge raufklettern und kein Essen stibitzen) sind festgesetzt und werden eingefordert, sobald der Neuling die Schwelle des neuen Zuhauses überschritten hat.

Im Anschluss muss man seine Aufmerksamkeit der Katzendame widmen, die ihre Feindseligkeiten nicht so schnell aufzugeben bereit ist; sie wird weiterhin kleine Seitenhiebe austeilen, klammheimlich und sorgfältig darauf achtend, es nur zu tun, wenn sie dem Kätzchen alleine begegnet, denn sie legt sich niemals mit seinem großen Bruder an ... und schon gar nicht mit mir!

Schließlich kehrt jedoch wieder Ordnung ein. Jeder Tag, der vergeht, ist ein Sieg für das Kätzchen, und die Katzendame wird angesichts von so viel Solidarität schon bald einsehen, dass es besser ist, aufzugeben.

ANEKDOTE

Ich weiß noch, dass Vogue nach Harper's Ankunft so außer sich vor Wut war, dass sie mehrere Tage lang ihr Geschäft nicht mehr in ihrem Katzenklo, sondern daneben verrichtete. Für sie, die so reinlich ist, war das ein echter Akt der Rache an mir – aber der Ärger war bald vergessen und die Harmonie wiederhergestellt!

Meine

Katzenfamilie

LOUIS VUITTON

• 3 •

MEIN HEIM IST IHR KÖNIGREICH

Das Kätzchen muss seinen Platz im Rudel finden, und ich versuche, ihm die Sache zu erleichtern, indem ich bestimmte Vorrichtungen anbiete, die wertvoll für den Hausfrieden sind …

Das Terrain

abstecken

Bei Katzen muss man in erster Linie alles in kleinen Dimensionen sehen ...
Denn die kleinen Racker haben keine Vorstellung von Quadratmetern!

Ich bestimme also die Plätze für die gemütlichen Siestas und oft unruhigen Nächte ... Denn wenn ich tagsüber arbeite, dann schlafen sie, diese Gauner, und wenn ich schlafe, dann gehen sie auf die Jagd! So geht es bei uns nachts oft recht turbulent zu – es wird herumgeflitzt, gemaunzt und gespielt, dass es sich anhört, als befände man sich auf einem Jahrmarkt. Trotzdem schlafe ich nicht mit Ohropax und finde es beruhigend, dass ich meine »Tempelwächter« um mich habe. Denn auch wenn eine Katze nachtaktiv ist und gern mal im Dunkeln eine Sause macht, ist kaum zu befürchten, dass sie es stundenlang tun wird ...

Ein Plätzchen

in luftiger Höhe:

Ein Katzenhochsitz ...

Für ein Nickerchen am Tage, während ich bei der Arbeit bin,
bieten der Schreibtisch oder das Bett einen
Katzen-Ruhebereich in idealer Katzen-Höhe.

Sie werden Ihren Arbeitsbereich auf dem Schreibtisch sichern müssen, denn Katzen setzen sich mit Vorliebe auf die Computer-Tastatur – der Albtraum meines Ehemanns!

Folglich sollten Sie eine List anwenden und einen Zeitungsstapel auftürmen, auf dem sich Ihre Samtpfote stattdessen gerne zusammenrollt. Alte Zeitschriften oder Papiere, die Sie nur einmal im Jahr sortieren, sind ideal dafür! Wenn Ihr Schreibtisch in Fensternähe steht, wird der Zeitungsstapel, der gute Sicht auf Himmel, Wolken, Vögel oder Bürgersteig bietet, wie ein Magnet auf Ihre Katze wirken.

Man sollte den Katzen-Hochsitz allerdings täglich mit dem Staubwedel bearbeiten, da sich ansonsten Milben darin einnisten.

Wenn man eine Katzenallergie hat, so bedeutet das auch, dass man täglich Katzenhaare entfernen muss – was in meinem Fall manchmal selbst heftige allergische Anfälle auslöst!

Auf halber Höhe:

Katzen-Pascha!

Sofas, Sessel, Hocker, Stühle, die Fensterbank – die Auswahl an Katzen-Ruheplätzen ist riesig, sollte aber gut überlegt sein. Sie müssen Ihre Rolle als Premierminister wahrnehmen und für Ihre Katze entscheiden, wo sie es sich gemütlich machen soll!

Wenn Sie ihr einen Platz in der Nähe Ihres Fernsehsessels vorbereiten, wird Ihre Katze Ihnen beim DVD-Abend Gesellschaft leisten. Sie wird sich womöglich sogar vor den Bildschirm setzen, vor allem bei Fußballspielen, wenn sie mit wachem Blick den Ball verfolgt.

Wenn die Katze einen Kratzbaum zur Verfügung hat, müssen Sie sich keine allzu großen Sorgen um Ihr Sofa machen und Sie können Ihrer Katze durchaus erlauben, neben Ihnen darauf Siesta zu halten (kurzflorigen Samt lieben Katzen besonders).

Vermeiden Sie jedoch schwarzen Samt, wenn Sie eine weiße Katze haben! Sehr zu empfehlen sind auch bedruckte Stoffe, vor allem, wenn das Muster zum Fell der Katze passt. So ist es viel schicker und um einiges praktischer, denn dann sieht man die Katzenhaare nicht!

Passen Sie Ihr Sofa also dem Fell Ihrer Katze an … sie ist es, die den Ton angibt!

MEINE GOLDENE REGEL

In meiner Wohnung gibt es Sofas und Sessel, die für meine Katzen absolut tabu sind. Und ja, die Miezen halten sich tatsächlich daran … es ist alles nur eine Frage der Erziehung!

Dicht über dem Boden:

Flat Cat!

Teppiche oder der blanke Boden gehören nicht unbedingt zu den Lieblingsplätzchen meiner Katzen.

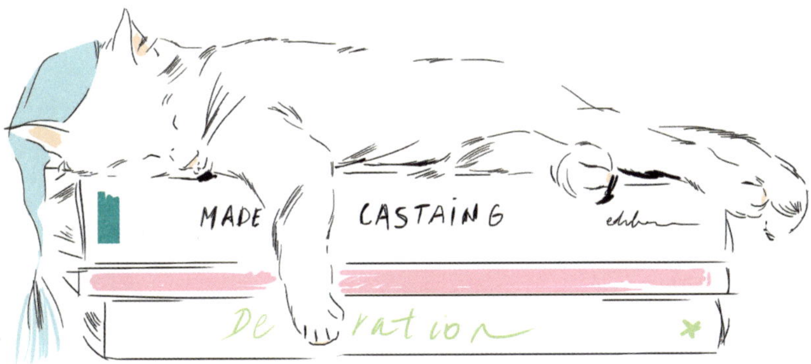

Katzen streben nach oben, um sich einen Überblick zu verschaffen. Auf Bodenhöhe sehen sie weniger und fühlen sich daher verletzbarer.

Zudem gibt es eine gewisse Nachahmungswirkung zwischen ihnen und uns, denn sie stellen rasch fest, dass auch wir nicht allzu viel Zeit auf dem Boden verbringen …

Ich empfehle Ihnen dennoch, in jedem wichtigen Raum mindestens einen Korb auf dem Boden zu positionieren; Ihre Katze wird sich rasch entscheiden … und Sie können die Körbe dann dementsprechend umstellen.

Das Dilemma

im Bett

Ich habe drei Jahre Widerstand geleistet, um dann schließlich doch die Schlafzimmertüre zu öffnen – und zwar wegen der »Schnurrtherapie«! Später mehr darüber ...

Ihre Katze, die Ihr Zuhause für sich hat, sobald Sie aus der Tür getreten sind, um in die Arbeit zu gehen, wird es sich auf Ihrer schönen Tagesdecke bequem machen und artig auf Ihre Rückkehr warten!

Sie sollten eine Tagesdecke haben, die häufiges Abbürsten erlaubt und aus Materialien wie Leinen oder Baumwolle besteht. Verzichten Sie auf Wolle, die unmöglich sauber zu halten ist, da die Katzenhaare zwischen die Maschen schlüpfen; was Samt oder Velours betrifft, so liebe ich dieses Material, aber durch das häufige Abbürsten wird der samtige Look bald Geschichte sein ...

Was die Nacht angeht, werden Sie sehen, dass der Natur nicht beizukommen ist. Glauben Sie nur nicht, dass Ihr Katzentier nachts acht Stunden durchschlafen wird: Katzen sind nachtaktiv und gehen liebend gerne im Dunkeln auf die Jagd oder auf eine kleine Sause ... Bestens ausgeruht nach diversen Nachmittagsschläfchen ist nun die Stunde gekommen, in der sich Ihre Katze auf die Lauer legt oder höchstens mit einem Auge schläft. Sie wird sich nicht weiter an Ihre Füße oder die andere Hälfte Ihres Kopfkissens kuscheln – nein, Sie sehen sie erst morgens wieder, wenn Sie aufwachen und Ihr Haustier schlafen geht: Ihre Katze ist einfach perfekt!

Ich persönlich finde es nicht zwingend notwendig, die Schlafzimmertüre verschlossen zu halten, denn wenn Sie Ihre Katze nicht in Ihr Bett lassen, bringen Sie sich um das Vergnügen beruhigenden Schnurrens, und das wäre ein Jammer.

Allerdings vermeiden Sie dann Diskussionen mit eifersüchtigen Ehepartnern – aber das ist wieder eine andere Sache!

MEINE GOLDENE REGEL

Da es mir nicht an Ideen fehlt, um mir die Hausarbeit zu erleichtern, türme ich auf meinem Bett Stapel von Kissen auf. Dadurch haben die Katzen weniger Platz, um es sich auf dem Bett gemütlich zu machen (Kissen sind ihnen zu wackelig), sodass sich der Reinigungsaufwand meiner schönen Tagesdecke in Grenzen hält!

ANEKDOTE

Ich erinnere mich an das erste Gespräch mit unseren Nachbarn nach unserem Einzug. Nach einer Woche sagten sie uns: »Wie schön, die Kinder herumlaufen zu hören, endlich kommt etwas Leben ins Haus!« Mein Mann antwortete dann mit seinem liebenswürdigsten Lächeln: »Aber nein, wir haben keine Kinder, das sind unsere Katzen!« Sie können sich vorstellen, wie überrascht unsere Hausgenossen waren …

Denn Katzen sind keineswegs immer auf Samtpfoten unterwegs und nicht immer so stumm wie Fische, vor allem, wenn sie es lieben (so wie Glamour), um drei Uhr morgens Gesangsübungen durchzuführen!

Meine Miezen

und ihre Lieblingsplätze

4

DAS HAUS UND UND SEINE GEFAHREN

Die Katzen sind das Wichtigste in meiner Wohnung; meinetwegen kann alles kaputtgehen, das Haus kann einstürzen, das ist mir völlig egal, solange es nur den Katzen gut geht! Wenn es etwas gibt, was bei einem Unglück in der Wohnung gerettet werden muss, dann sind Sie es!

Maßnahmen,

die das Schlimmste verhindern

Katzen sind sich keiner Gefahr bewusst. Deshalb müssen wir Vorsorge walten lassen! Im Anschluss folgt eine Liste der grundlegenden Vorsichtsmaßnahmen und Tabus, um das Schlimmste zu verhindern:

1

Beim Öffnen der Fenster ist bei uns Vorsicht geboten, denn wir wohnen im 4. Stock. Fensterläden sorgen für Belüftung trotz Katzensicherheit, zudem ermöglichen es dekorative Ketten, die wir anbringen ließen, die Fenster einen Spalt breit zu öffnen und zu fixieren. Wenn wir die Fenster zum Durchlüften eines Zimmers doch einmal ganz öffnen, sind die Katzen nicht in diesem Raum und die Tür ist verschlossen.

2

Verzichten Sie auf Grünpflanzen und schmücken Sie Ihr Zuhause stattdessen mit Blumensträußen, die Sie immer hoch genug stellen sollten, damit sie außer Reichweite der Katzen sind.

3

Ich lasse niemanden außer mir die Waschmaschine und den Wäschetrockner bedienen – die Katzen könnten sich rasch und unbemerkt darin verstecken, denn in »dunkeln Höhlen« fühlen sie sich geborgen. Sehr wichtig: Setzen Sie nie eine Maschine in Gang, ohne zuvor im Innenraum nachgesehen zu haben, ob eine Katze darin ist!

4

Positionieren Sie den Mikrowellenherd möglichst weit oben. Meiner ist so hoch oben positioniert, dass ich fast schon eine Leiter oder einen Schemel verwenden muss, um die Klappe zu öffnen!

5

Ätzende Reinigungsmittel sind in einem Katzenhaushalt absolut tabu. Unsere Böden werden mit einem sanften Bioreiniger gewischt, denn Katzen haben empfindliche Ballen ...

6

Reinigungsmittel werden in einer Schublade aufbewahrt; denn ich habe schon gesehen, wie Katzen hochspringen, um eine Schranktür zu öffnen, aber noch nie, dass sie mit der Pfote eine Schublade herausziehen!

7

Entscheiden Sie sich für einen Herd ohne elektrische Kochplatten oder Kochfelder, die stundenlang heiß bleiben. Neugierige Katzen könnten sich darauf die Pfötchen verbrennen.

8

Verstecken Sie möglichst alle elektrischen Kabel, verlegen Sie sie unter Leisten oder verbergen Sie sie unter dem Teppich.

9

Verzichten Sie auf Mottenkugeln mit Naphthalin oder Ähnliches, verwenden Sie ausschließlich natürlichen Mottenschutz aus Zedernholz.

10

Bewahren Sie Nadeln, Knöpfe, Reißzwecken, Scheren, Gummibänder etc. gut verschlossen in Behältern auf. Ich führe Näharbeiten nur in meinem begehbaren Kleiderschrank durchn und zwar in vollständiger Abwesenheit von Katzen ...

11

Beim Bügeln lasse ich das Bügeleisen niemals unbeaufsichtigt und stelle es zum Abkühlen immer auf ein hohes Regal, außerhalb der Reichweite der Katzen.

MEINE GOLDENE REGEL

Ich trage die volle Verantwortung für alles, was in meiner Wohnung geschieht. Wenn ein Malheur passiert, ist es immer meine Schuld und niemals die meiner Katzen!

• 5 •

DER PERFEKTE TAG EINER PARISER KATZE

Der Tagesablauf unserer Katzenschar ist sorgfältig geregelt und organisiert. Es braucht ein paar beruhigende Rituale und feste Regeln – dann steht einem harmonischen Miteinander nichts im Wege!

Ein Leben als

wohlerzogene Katze

Ähnlich wie bei Kindern, muss auch bei meinen Katzen der Tagesverlauf einem bestimmten Rhythmus folgen …

EIN SANFTER START AM MORGEN

Am Morgen ist Ruhe angesagt, kein lautstark klingelnder Wecker, da es nicht notwendig ist, alle zu stressen: Katzen mögen es sanft, und das Aufwachen soll ja – für Mensch und Tier – der Beginn eines schönen Tages sein, der vor uns liegt.

Die Vorbereitung des Frühstücks für die ganze Familie, einschließlich Katzen, folgt einem festen Ablauf – auf diese Weise gibt es kein Drängeln und keine Eifersüchteleien!

Um zu zeigen, wie geduldig sie sind, warten meine Katzen artig in der Küche, bis ich aufgestanden bin. Noch nie, wirklich nie und nimmer, hat mich eine Katze miauend aus dem Schlaf gerissen, weil sie fand, dass es Zeit für ihr Frühstück war. Und meine Miezen kennen sogar den Unterschied zwischen dem Zeitplan unter der Woche und am Wochenende … so klug sind meine Katzen!

EIN TAGESABLAUF MIT PERFEKTEM TIMING

Das stille Örtchen:
Mein erster Blick am Morgen gilt der Überprüfung der Katzentoilette, und ich sorge dafür, dass sie sauber ist. Die Katzen werden sich rasch dort einfinden, eine nach der anderen! Und ich reinige die Streu nach jedem einzelnen Toilettenbesucher. Das ist etwas aufwendig, aber glücklicherweise haben sie ihre festen Gewohnheiten, sodass ich die Reinigungsaktionen gut timen kann.

Katzenwäsche:
In Sachen Morgentoilette beschränke ich den Aufwand im Bad auf maximal 1,5 Stunden! Bei Glamour, meinem Exotischen Kurzhaar, achte ich auch besonders auf seine Augen. Falls nötig, reinige ich auch die meiner anderen Katzen.

Frühstück:
Wir gehen in die Küche, um das Frühstück vorzubereiten, und wir decken hübsch den Esstisch für unsere »Familie«. Vogue und Glamour futtern in der Küche, aber Harper's nimmt sein Hühnchenfleisch, das in seiner am Boden stehenden Porzellanschale hübsch angerichtet ist, neben uns im Esszimmer ein. Er möchte es unbedingt so machen wie wir!

Sobald sie fertig sind, gesellen sich auch die beiden anderen Miezen zu uns und lassen sich zu unseren Füßen nieder. Artig beobachten sie uns ganz genau aus den Augenwinkeln – es könnte ja sein, dass ein Stück vom reichlich mit Butter bestrichenen Frühstücksbrötchen neben dem Hausherren auf den Boden fällt ...

Ankleide:
Was meinen begehbaren Kleiderschrank bestrifft, so steht fest: Hier haben die Katzen keinen Zutritt!

Nun ist der Zeitpunkt gekommen, an dem ich das Haus verlasse. Die Katzen haben es sich bequem gemacht, zwei auf dem Schreibtisch und die dritte auf dem kleinen Rattansofa in der Diele. Jetzt beginnt eine Siesta, die bis zu meiner Rückkehr am Abend andauert, aber sicherlich auch durch Spiele und andere Vergnügungen unterbrochen wird.

FÜR EINEN WUNDERSCHÖNEN ABEND

Begrüßung:
Wenn es Abend wird, lauern meine Katzen auf das Geräusch des Aufzugs und merken sofort, dass ich komme. Sobald ich die Türe öffne, sitzt nicht selten Harper's davor und macht mir klar, dass es höchste Zeit war, dass ich endlich nach Hause komme: Ich erkenne das sofort an seinem leicht vorwurfsvollen Blick ...

Essenszubereitung:
Wir bereiten in Ruhe das Abendessen für die Katzen vor. Ich nehme das Hähnchenfleisch für Harper's aus dem Kühlschrank, denn es muss Raumtemperatur haben. Achten Sie darauf, einer Katze nie eiskaltes Futter direkt aus dem Kühlschrank zu geben, denn das ist schlecht für ihren empfindlichen Magen.

Bad:
Anschließend folgen wir demselben Ritual wie am Morgen. Es geht ins Bad für mich und meine Miezen. Die Abendtoilette besteht aus Fellbürsten, dem (unverzichtbaren) Reinigen der Augen sowie der Überprüfung und Säuberung des Katzenklos.

Abendessen:
Dann essen wir gemeinsam zu Abend und machen es uns anschließend im Wohnzimmer gemütlich. Die Katzen gesellen

sich zu uns, um einen Film oder eine Dokumentation anzuschauen, unterbrochen von ein oder zwei extra für sie eingelegten Spielpausen …

Die Katzen machen es sich auf unseren Knien, neben uns, auf dem Couchtisch oder auf einem Sessel bequem. Sie haben die Erlaubnis, wissen aber genau, dass alles empfindlich ist und sie gut achtgeben müssen.

Wenn wir ausgehen, findet der Fernsehabend ohne uns statt; wir wählen mit Sorgfalt ein Programm aus, damit unsere Miezen auch ohne uns Unterhaltung haben.

MEINE GOLDENE REGEL

Ich verlasse nie das Haus, ohne jede meiner Katzen ein wenig zu streicheln, mich von ihnen zu verabschieden und sie zu ermahnen, brav zu sein.

AB INS BETTCHEN!

Vor dem Zubettgehen überprüfe ich ein letztes Mal die Katzentoilette, dann bereiten wir uns für die Nacht vor, wobei uns erst mal nur zwei Katzen ins Schlafzimmer folgen: Vogue legt sich ans Fußende des Bettes und Harper's in seinen Weidenkorb oder auf einen der Sessel. Glamour, der kleine Racker, macht es sich zunächst auf dem großen Sessel in der Diele gemütlich, bevor er sich dann diskret neben mich kuschelt. Unser Zubettgehen folgt immer diesem vollkommen unveränderlichen Ritual.

Wir sind nun bereit für eine gute Nacht – mit erholsamem Schlaf für uns Menschen und kleinen Ausflügen und Jagdpartien für unsere Miezen! Aber leise, weil sie daran gewöhnt sind, dass wir unsere Ruhe möchten. Manchmal allerdings muss ich sie nachts immer noch mit »Pst!« ermahnen: denn bei zwei redseligen Katzen, die ständig etwas zu erzählen haben, kommt es ziemlich häufig vor, dass eine uns eine kleine Demonstration ihrer Kenntnisse in Sachen Konversation geben möchte … vor allem Glamour ist ein begeisterter Maunzer.

Am Wochenende ist das Ritual dasselbe – mit einer Ausnahme: Die Katzen haben vollkommen verstanden, dass der Zeitplan ein anderer ist; sie lassen uns ausschlafen und wechseln intuitiv in den Wochenendmodus.

Ja, meine Miezen sind einfach perfekt!

LADUREE

Meine Katzen

sind überall dabei!

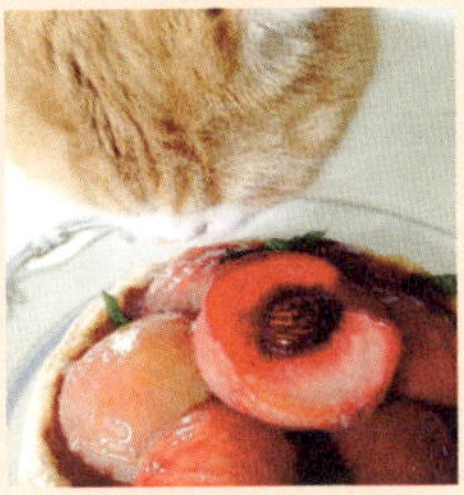

a special gift

6

EIN KATZENFREUNDLICHES AMBIENTE

Mein Heim ist mein Zuhause und auch das meiner Miezen. Es ist so eingerichtet, dass wir uns alle wohlfühlen. Hier meine Ratschläge, um eine katzenfreundliche Umgebung nach Maß zu kreieren.

Meine Samtpfoten *lieben* Musik

Sprechen wir zunächst über die musikalische Untermalung, die meiner Meinung nach sehr wichtig ist.

Ich glaube, wenn ich ein Hardrock-Fan wäre, dann hätte ich mit Sicherheit supernervöse Katzen. Denn wenn eine Katze ausgeglichen, artig, lieb und verschmust sein soll, ist es unabdingbar, dass im Haus eine ruhige, heitere Atmosphäre herrscht.

Wenn ich außer Haus gehe, lasse ich immer das Radio laufen, und zwar entweder das Musikprogramm von »France Musique« oder »Radio Classique«. Ich bevorzuge »Radio Classique«, denn, wie mein Ehemann sagen würde, »laufen dort allem bekannte Melodien«, die zugänglicher sind. Will meinen, er möchte damit sagen, dass er diesen Sender entspannender findet.

Ich sollte einmal vorschlagen, ein Musikprogramm speziell für Katzen auszustrahlen …

Meine Katzen kennen das ganze klassische Repertoire, von Bach bis Mozart und Schubert. Keiner dieser großen Komponisten ist ihnen unbekannt!

Das bedeutet jedoch nicht, dass ich zuhause zur Operndirigentin oder professionellen Sängerin mutiere!

MEINE GOLDENE REGEL

Es ist wichtig, Alltagsgeräusche und Straßenlärm möglichst gering zu halten.

Wenn Sie nicht inmitten eines wunderbaren Gartens, an einem Park oder in einer wenig belebten Straße wohnen, denken Sie daran, bei Ihrer Abwesenheit die Fenster zu schließen, um ein möglichst ruhiges Ambiente zu schaffen.

Wir hören auch viel zeitgenössische Musik. So kennen meine Katzen etwa das Indie-Folk-Duo »Brigitte« in- und auswendig, und wenn ein neues Album erscheint, hören wir es uns in Dauerschleife an. Dann beginnen unsere »Karaoke-Vorstellungen«: Ich nehme Vogue auf den Arm, und dann legen wir beiden Mädels eine flotte Sohle aufs Parkett. Sie liebt diese Augenblicke und die verstörten Mienen der anderen Familienmitglieder! Aber achten Sie darauf, die Lautstärke nie zu hoch aufzudrehen, und belassen Sie es bei sanften Klängen – das freut nicht nur Ihre Katzen, sondern auch Ihre Nachbarn …

ANEKDOTE

Eines Abends, als wir ausgehen wollten, hatte mein Mann im Wohnzimmer seinen Lieblingssender »Radio Nova« eingestellt. Ich zog die Wohnungstür hinter uns zu, aber als wir unten waren, kamen mir doch Bedenken: »Nein, das geht nicht … du musst noch mal nach oben und ›Radio Classique‹ einstellen, ich kann die Katzen doch nicht den ganzen Abend ›Nova‹ hören lassen!«, sagte ich mit meinem charmantesten Lächeln … und er tat mir den Gefallen.

Mein Mann ist fantastisch. Er hat es tatsächlich getan, und ich bin mir sicher, dass er im Grunde auch meiner Meinung war …

Ein sorgsam ausgewähltes *TV-Programm*

Am Abend schalten wir immer den Fernseher ein, auch dann, wenn wir ausgehen.

Wenn mein Mann und ich außer Haus sind, vermeide ich sorgsam die besonders stressigen Sender, die Krimis oder Actionfilme ausstrahlen. Ich glaube zwar, dass meine Katzen kein Englisch verstehen, aber brutale Geräusche erkennnen sie ganz genau.

Man muss aber auch nicht gleich eine Liveübertragung aus dem Parlament einschalten, um die Katzen zum Gähnen zu bringen – »Arte« ist oft eine gute Wahl.

Mein Mann hat es sich angewöhnt, gemeinsam mit unseren Miezen Tiersendungen anzusehen; sie lieben es, einen Vogel oder Löwen auf dem Bildschirm mit den Blicken zu verfolgen.

Begehen Sie aber nicht den Fehler, während Ihrer Abwesenheit einen Sportkanal, in dem ein Fußballspiel läuft, oder eine Sendung über Katzen einzuschalten: denn dann riskieren Sie Kratzspuren auf Ihrem Flachbildschirm …

Ein Nachtlicht *für meine Miezen*

Katzen sehen angeblich auch in der Dunkelheit gut, ich bin aber nicht so ganz überzeugt davon.

Wenn wir abends ausgehen, lasse ich sie niemals ganz allein im Dunkeln zurück. Tatsächlich bleibt die Wohnung so, als ob wir zuhause wären. Licht und Fernseher oder Radio bleiben eingeschaltet!

Auf diese Weise bemerken die Katzen unsere Abwesenheit weniger stark. Den Trick wende ich an, damit sie sich in ihrem Zuhause immer wohlfühlen.

Ich bin überzeugt davon, dass eine gestresste Katze unglücklich ist.

Meine Katzen haben

sensible Nasen

Katzen haben einen ausgezeichneten Geruchssinn …

Ich verwende ausschließlich Kerzen und Raumdüfte mit einem milden, blumigen Aroma oder mit natürlichen Duftstoffen. Ich mag auch leichte Moschus-Noten, die aber nie zu schwer sein dürfen … Harper's hat eine Abneigung gegen penetrante Düfte, da kneift er die Augen zusammen und bringt sich schnellstmöglich außer Reichweite!

Daher bevorzuge ich bei uns zuhause folgende Düfte: Mimose, Eisenkraut, Minze, Nelke und Zimt-Orange – allesamt Raumdüfte von Ladurée, die perfekt ausgewogen und weder zu stark noch zu schwach sind, gewissermaßen perfekte Düfte für die Katz'!

Bei Bedarf setze ich aber auch eine kleine Menge Feliway®-Spray ein, wenn meine Katzenschar gestresst wirkt, wie es beispielsweise vor oder nach einem Besuch beim Tierarzt der Fall sein kann. Das Spray enthält Wohlfühl-Pheromone, die harmonisierend auf Katzen wirken.

MEINE GOLDENE REGEL

Stellen Sie niemals eine brennende Kerze in Reichweite einer Katze auf, denn sie kann sich ihre Schnurrhaare daran verbrennen und die Kerze um- oder hinunterwerfen! Lassen Sie also niemals eine Katze unbeaufsichtigt mit einer brennenden Kerze allein.

IN FREMDER UMGEBUNG

Ich mute es meinen Katzen nur selten zu, mit uns in Urlaub zu fahren! Wenn ich sie jedoch in einer fremden Umgebung unterbringen muss, ist es unerlässlich, dass sie ein wenig von der Atmosphäre unseres Zuhauses in der neuen Umgebung wiederfinden:

1

Es lebe die moderne Technik! Ich stelle auf meinem iPad die App von »Radio Classique« ein.

2

Ich versprühe einen Raumduft, den sie gewohnt sind.

3

Ich breite für die Katzen auf Betten, Sofas oder Sesseln Tücher und Pareos aus leichter Baumwolle aus, damit sie es sich darauf gemütlich machen können – das ist in heißen Ländern mit über 40 °C am besten geeignet.

4

Und zuletzt sorgt mein unverzichtbares Feliway®-Spray dank einer feinen Duftwolke auf dem Bett und in der Luft für katzengerechte Behaglichkeit.

Diese Maßnahmen muten vielleicht etwas surreal an, sie sind aber äußerst effizient. Eltern machen Ähnliches übrigens auch für ihre Kinder: da dürfen Kuscheltiere, -decken oder -kissen und das Lieblingsspielzeug auch auf keiner Reise fehlen.

Ihre Katze

liebt …

… ein wenig:

… sehr:

… leidenschaftlich:

Ihre Katze

verabscheut …

… ein wenig:

… sehr:

… ganz gewaltig:

• 7 •

SCHLEMMEN AUF KATZENART

Es wird gegessen, was auf den Tisch kommt! Das ist meine Devise, und sie gilt auch für meine Katzen. Futter gibt es für meine Miezen am Morgen, gleich nachdem ich aufstehe, und am Abend, sobald ich von der Arbeit zurück bin. Serviert wird immer am gleichen Platz: Katzen lieben ihre Futter-Rituale und Veränderungen mögen sie gar nicht.

Edles

Tafelgeschirr

für meine

Lieblinge

Meine Katzen futtern aus Essgeschirr, das dem Standard des Hauses gerecht wird. Das Katzengeschirr soll nicht nur praktisch, schön oder witzig sein, sondern jedem Tier steht auch sein ganz persönliches Gedeck zu.

Ich denke da an kleine Schalen und Behältnisse und nicht unbedingt an herkömmliche »Futternäpfe«. Katzengeschirr sollte entweder aus Porzellan oder aus einem lebensmittelechten Kunststoff sein. Ich sehe mich dafür bei Kindergeschirr um, da hier die Herstellungsnormen heutzutage so streng sind, dass es mit Sicherheit keine Schadstoffe enthält. Zumindest hoffe ich das!

Wenn Sie wie ich eine plattnasige Katze vom Typ Exotic Shorthair haben, sollte ihr Katzengeschirr genau auf ihre Bedürfnisse zugeschnitten sein; denn diese Rasse hat oft Probleme, ihr Futter aufzunehmen.

Falls der Bodenbelag, auf den Sie das Katzengeschirr stellen möchten, glatt ist, empfiehlt es sich, eine Anti-Rutschmatte unterzulegen; sie ist außerdem hilfreich, um den Futterplatz sauber zu halten, denn es geht gerne mal etwas daneben. Sie können sich auch für kleine, runde Antirutschmatten entscheiden, die Sie unter jede Futter- und Wasserschale legen: zuzusehen, wie die Futterschüssel im Zickzack über eine glatte Oberfläche rutscht, während ihr die Katze beim Fressen hinterherläuft, mag vielleicht Videofilmer in sozialen Netzwerken amüsieren, aber für die Katze ist das sicherlich kein Spaß ...

MEINE GOLDENE REGEL

Besonders dann, wenn Sie Trockenfutter verwenden, sollten Sie immer ausreichend frisches Wasser neben die Futterschalen stellen, denn die Katzen müssen ausreichend trinken. Denken Sie daran, das Wasser oft zu erneuern, sodass es stets frisch ist.

Die optimale
Futterstelle
einrichten

Es liegt an Ihnen, eine gute Strategie zu entwickeln, damit jede Ihrer Katzen beim Fressen zufrieden ist.

Ein fester Fressplatz
ist grundlegend für die Lebensqualität Ihrer Katze. Einmal festgelegt, ändere ich die Futterstelle nicht mehr, denn die Katze ist – ebenso wie der Mensch – ein Gewohnheitstier. Das Futter wird außerdem möglichst immer zur selben Uhrzeit serviert.

Wenn Sie eine Katze haben,
erklären Sie im Idealfall einen ruhigen Platz in der Küche zur »Katzenfutterstelle« – möglichst weit weg von Küchengeräten, die Lärm machen, und an einer geschützten Stelle, an der der Herd mit seinen heißen Kochplatten und Töpfen keine Gefahr für die Katze darstellt.

Wenn Sie mehrere Katzen haben wie ich,
müssen Sie für jede von ihnen einen Futterplatz finden und dabei berücksichtigen, dass es in einer Katzenschar immer ein dominantes Tier gibt. Ich ziehe es vor, einen erhöhten Futterplatz und einen am Boden anzubieten – so kommen sowohl ranghohe als auch rangniedrige Katzen auf ihre Kosten, außerdem tun sich ältere Katzen oftmals mit dem Hochspringen schwer.

Ein idealer Standort
ist meiner Meinung nach die Arbeitsplatte, da ihre Oberfläche leicht zu reinigen ist – wenn man dafür sorgt, dass keine Küchenmaschinen in unmittelbarer Nähe stehen. Eine optimale Katzenfutterstelle ist auch der Platz vor dem Fenster.

Ich habe oben auf der Arbeitsplatte vor dem Fenster einen festen Futterplatz für Glamour eingerichtet. Da er der Dominante ist, genießt er hier die Herrschaft über sein Katzengeschirr.

Vogue, die älter ist als Glamour, möchte sich gegen ihn als Hausherrin behaupten und ihm nicht das Feld auf der Arbeitsplatte überlassen. Ich stelle sie vor die Wahl, indem ich für sie eine zweite Futterschale auf den Boden stelle, aber sie zieht doch jedes Mal den Futter-Hochsitz vor! Ich mache ihr also die »Räuberleiter«, indem ich sie auf die Arbeitsplatte hebe … Sie wartet auf den »Lift«, mit anderen Worten darauf, dass ich in der Küche erscheine.

Harper's, unser Nesthäkchen, hatte als Neuling unten auf dem Boden seinen Platz. Angesichts der Anfeindungen seiner Artgenossen hatte er anfangs etwas Mühe, seinen Platz zu behaupten.

Darum habe ich ihn als Kätzchen in gebührendem Abstand von seinen Artgenossen isoliert gefüttert, damit ich leichter überprüfen konnte, ob er genügend Futter bekommt, und um ihm die Sicherheit zu geben, einen geschützten Platz für sich zu haben.

Mittlerweile aber bedient sich meine kleineKatzenschar gleichmütig aus der Futterschale ihrer Wahl, sei es oben, sei es unten, und egal von wessen Platz. Vorzugsweise aus der Schale, in der sich noch die meisten Trockenfutterstückchen befinden!

ANEKDOTE

Am verfressensten ist nach wie vor meine Katzendame Vogue. Sobald die Kater außer Sicht sind, nimmt sie sich die Freiheit, von fremden Tellern zu naschen. Sie ist einen Tick rundlicher geworden, aber ich lasse sie gewähren, solange sie nur zwei oder drei Stückchen Trockenfutter mehr stibitzt …

Die richtige

Ernährung

Das richtige Katzenfutter zu finden ist eine knifflige Sache, die hier im Detail behandelt werden soll.

Katzenzüchter verwenden meist hochwertiges Trockenfutter, und viele Tierärzte sprechen die gleiche Empfehlung aus.

Ich bin also zunächst diesem Rat gefolgt und habe mich für »Körnchen« entschieden, wohl wissend, dass sie wirklich sehr trocken sind. Für Rassekatzen mit empfindlichen Nieren (wie meine Britische und meine Exotische Kurzhaar) ist allerdings eine Mischung von Nass- und Trockenfutter besser geeignet.

Da meine Katzen allesamt sterilisiert (beziehungsweise kastriert) sind, füttere ich sie als Basis mit einem ausgewogenen leichten Trockenfutter. Die Kater bekommen zusätzlich jeden Tag eine kleine Dose Bio-Nassfutter mit Hähnchenfilet oder Thunfisch; allerdings nur die Kater, denn Vogue mag ausschließlich Trockenfutter und auch nur eine ganz bestimmte Marke!

Das Trockenfutter muss für alle meine Katzen geeignet sein. Wenn Sie mehrere Samtpfötchen haben, sollten Sie dasselbe für alle verwenden, denn sonst werden die Mahlzeiten schnell zum Spießrutenlauf und Sie werden erleben, wie die eine Katze das für sie vorgesehene Futter links liegen lässt, um sich an dem einer anderen gütlich zu tun – tja, die Kirschen in Nachbars Garten schmecken halt immer süßer!!

DIE BIO-OPTION!

Einmal habe ich versucht, meine Katzen auf Bio-Trockenfutter umzustellen, aber das war ein echter Flop – sie haben es verschmäht! Tatsächlich sind Katzen ein wenig wie wir Menschen: Je schlechter etwas für unsere Gesundheit ist, umso besser schmeckt es uns! Ich habe mir fest vorgenommen, die nächste Katze von Anfang an biologisch zu ernähren! Ich werde mir bei dieser Gelegenheit dann auch größere Überwachungsmaßnahmen sparen können, da die anderen das Bio-Futter ja hassen!

KATER- ODER MIEZENFUTTER?

Was ist zu tun, wenn man sowohl Kater als auch Kätzinnen besitzt und es spezielle Trockenfuttersorten für beide Geschlechter gibt? Jedem etwas anderes zu füttern, wäre ja in etwa so, als würden mein Ehemann und ich zwei unterschiedliche Gerichte essen! Den Ratschlag des Tierarztes befolgend, füttere ich alle meine Samtpfoten mit Trockenfutter für Kater. Anscheinend ist das Trockenfutter für Katzendamen etwas üppiger, und man sollte bei etwas älteren Tieren eh auf das Gewicht achten. Ich befürchtete am Anfang, dass sich Vogue aufgrund des Katerfutters allmählich auch als Kater fühlen und den großen Macker markieren könnte, aber dem war nicht so. Seit sieben Jahren frisst Vogue nun bereits Katerfutter, aber sie ist immer noch eine perfekte Lady.

Der ideale *Service*

Die morgendliche »Körnchen-Zeit« habe ich getestet, für gut befunden und dann beibehalten …

Für ihre Mahlzeiten haben sich meine Katzen an meinen Rhythmus angepasst, und sie warten brav, bis ich in die Küche komme. Dann aber stürzen sie regelrecht auf mich zu, und ich komme in das Vergnügen, von einer hungrigen Meute umtanzt zu werden, die mit runden Rücken um meine Beine streicht und als Zeichen wohliger Vorfreude ihre Schwänze in die Höhe reckt – fast schon eine Art Katzenbauchtanz!

Was die Trockenfütterung angeht, setze ich auf das Prinzip der Selbstbedienung: Ich fülle die Schüsseln, und die Katzen entscheiden selbst, wann und wie viel sie fressen. Sie können zu jeder Tages- und Nachtzeit kommen, die Schüsseln sind immer gefüllt. Sie werden sehen, eine Katze ist kein Hund, sie frisst nur so viel, wie sie wirklich benötigt …

Daneben bekommen meine Miezen einfaches Leitungswasser, das meine Großmutter »Châteauneuf-du-Pétrus« zu nennen pflegte. Bei uns steht also Châteauneuf-du-Pétrus in drei Schälchen bereit, stets frisch und regelmäßig erneuert. Einmal habe ich versucht, meinen Schleckermäulchen stilles Mineralwasser anzubieten, aber wie beim Bio-Trockenfutter hatte ich keinen Erfolg damit.

MEINE GOLDENE REGEL

Katzen sind sehr reinliche Tiere und stellen in dieser Hinsicht Erwartungen an uns! Es gilt, die Wasser- und Futtergefäße zweimal täglich blitzeblank sauber zu machen, und zwar mit Geschirrspülmittel und nicht nur schnell unter fließendem Wasser! Denken Sie daran, dass Sie Ihr eigenes Essgeschirr ja auch sorgfältig reinigen und dass Ihre Katze ebenso viel Sorgfalt verdient wie Sie selbst.

ANEKDOTE

Glamour liebt es, aus dem Wasserhahn zu trinken: Er benötigt dafür aber einen ganz bestimmten Tropfenfluss – nicht zu stark und nicht zu schwach. Sonst meckert er und lässt es uns wissen!

Ein Festmahl
de luxe
für Katzen

Wenn wir Menschen zu besonderen Anlässen Feste feiern, warum dann nicht auch unsere Katzen? Unsere Schleckermäulchen bekommen an Geburtstagen, an Hochzeitstagen, an Weihnachten, zu Dreikönig, an Ostern – nun ja, eben an allen Festtagen, die wir mit Familie und Freunden feiern – auch einen speziellen Leckerbissen oder ein besonderes Festmahl!

MEINE GOLDENE REGEL

Seien Sie aufmerksam: Wenn eine Katze ihr Fressverhalten ändert, weniger futtert oder zum Vielfraß mutiert, dann ist das ein Zeichen, dass irgend etwas nicht stimmt, und es ist ein Besuch beim Tierarzt angesagt.

Leckerbissen
für
Schleckermäulchen

Hier kommen meine Katzen-Festessen für besondere Anlässe – es ist ja schließlich nicht alle Tage Weihnachten!

HÄHNCHENBRUST MIT GRÜNEN BOHNEN

ZUTATEN

1 kleine Bio-Hähnchenbrust (nicht zu dick)

1 kleiner Spritzer Öl

1 Handvoll frische grüne Bio-Bohnen

1

Die grünen Bohnen putzen (die harten Enden abbrechen und die Fasern entfernen), in einem Topf voll heißem Wasser in etwa 15–20 Minuten sanft köcheln, bis sie sehr weich sind.

Durch ein Sieb abgießen, abkühlen lassen und in kleine Stückchen schneiden.

2

Das Öl in eine Pfanne geben und das Fleisch von allen Seiten bei sehr geringer Temperatur durchgaren. Abkühlen lassen und dann in kleine Würfel schneiden. Den Bratensaft zum Beträufeln aufbewahren.

3

Das Fleisch und die Bohnen in das Essgeschirr der Katze geben und mit etwas Bratensaft beträufelt servieren. Bon appétit!

PUTENBRUST MIT KAROTTENPÜREE

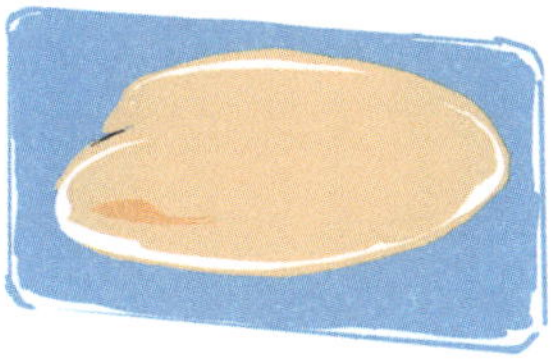

ZUTATEN

1 kleine Bio-Putenbrust

2 Bio-Karotten

1

Die Bio-Putenbrust im Dämpfaufsatz des Dampfgarers garen, dann zum Abkühlen beiseitelegen.

2

Gleichzeitig in einem weiteren Dämpfaufsatz die Karotten garen, bis sie weich sind. Dann die Karotten im Universalzerkleinerer pürieren.

3

Die Putenbrust in sehr kleine Stückchen schneiden und in einer Schüssel mit dem Karottenpüree vermischen. In das Essgeschirr der Katze geben und servieren. Köstlich!

GEDÄMPFTE SEEZUNGE

ZUTATEN

1 kleines Seezungenfilet (ohne Haut und Gräten)

1

Das Filet dünsten, bis das Fleisch opak geworden und gar ist, dann abkühlen lassen.

2

Das Seezungenfilet in das Essgeschirr der Katze geben und es sie selbst zerlegen lassen.

Vorsicht: Geben Sie Ihrer Katze niemals Fisch mit Gräten, sondern ausschließlich gräten- und fischschuppenfreie Filets!

HÜHNCHEN KUNG-PAO A LA VOGUE

ZUTATEN

1 Bio-Hähnchenbrust

1 sehr kleine Bio-Mango

1

Die Hähnchenbrust in einer beschichteten Pfanne auf jeder Seite braten, bis sie gar ist. Zum Abkühlen beiseite stellen.

2

Die Mango schälen, vom Kern befreien und in sehr kleine Würfel schneiden.

3

Das Hähnchenbrustfilet ebenfalls fein würfeln und in das Essgeschirr der Katze geben. Mit 3 Mangowürfeln pro Portion garnieren. Fertig!

TOURNEDOS VOM RINDERFILET MIT ZUCCHINI

ZUTATEN

1 kleines, 50 g schweres Tournedos (rundes Rinderfiletmedaillon)

etwas Butter oder Maisöl

1 kleine Bio-Zucchini, fein gewürfelt

1

Das Medaillon mit sehr wenig Butter oder einem winzigen Spritzer Maisöl in der Pfanne oder im Backofen sanft garen. Zum Abkühlen beiseitestellen.

2

In der Zwischenzeit die Zucchiniwürfel in etwa 15–20 Minuten im Dampfgarer garen, bis sie zart sind, dann zum Abkühlen beiseitestellen.

3

Das Medaillon in sehr kleine Würfel schneiden und mit den Zucchiniwürfeln in dem Katzengeschirr anrichten. Lecker!

LOW-FAT-SCHLEMMERQUARK

ZUTATEN

1 Packung sehr magerer Speisequark (0% Fett)

1

Den Speisequark aus dem Kühlschrank nehmen, denn er soll nicht zu kalt, sondern bei Raumtemperatur serviert werden.

2

Den Speisequark in die Schale der Katze geben und für das Foto schön dekorieren!

THUNFISCH MIT KAROTTENPÜREE

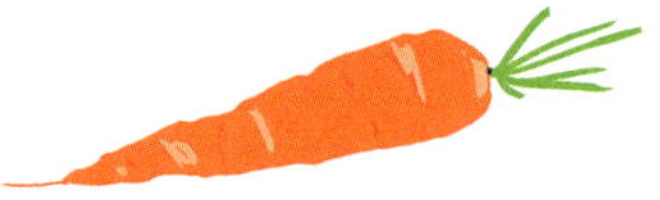

ZUTATEN

1 dünne Scheibe Thunfischfilet (ohne Haut und Gräten)

1 große Bio-Karotte

1

Die Karotte putzen und in kleine Würfel schneiden. Die Karottenwürfel im Dampfgarer garen und anschließend im Universalzerkleinerer pürieren.

2

Den Thunfisch in einer beschichteten Pfanne bei geringer Temperatur braten, bis er gar ist. Zum Abkühlen beiseitestellen.

3

Den Thunfisch in kleine Würfel schneiden und dabei eventuelle restliche Gräten entfernen. Den Thunfisch mit dem Karottenpüree vermischen und in das Geschirr der Katze geben.

BURGER »DE GLAMOUR«

ZUTATEN

50 g Rinderhack (Rinderfilet, vom Metzger frisch durch den Fleischwolf gedreht)

1 Handvoll hochwertiger weißer Reis

1

Den Reis kochen, bis er zart ist (etwas länger, damit er nicht nur »al dente«, sondern wirklich weich ist).

2

Das Tatar zu einem Hacksteak formen und in einer beschichteten Pfanne auf beiden Seiten braten, bis es gar ist.

3

Den Reis auf eine Lage Backpapier streichen. Mit einer runden Ausstechform zwei kleine Plätzchen daraus ausstechen.

4

Eines der Reisplätzchen auf einen Katzenteller legen, darauf das Mini-Hacksteak geben und dieses mit dem anderen Reisplätzchen bedecken. Und schon ist er fertig, der Burger für den Herrn Kater!

Die besten

Gourmetrezepte *für* Katzen

Hier ist Platz für Ihre eigenen Rezepte!

REZEPT

1

REZEPT

2

REZEPT

3

REZEPT

4

REZEPT

5

• 8 •

MEINE KATZEN UND MEINE FREUNDE

Meine besten Freunde lieben Katzen – das ist ein Muss! Und meine Katzen haben unter meinen Lieblingsmenschen ihre Favoriten ausgewählt. Hier meine Ratschläge für eine gelungene formelle Vorstellung und eine lange währende gute Beziehung …

Planen im Voraus

Bei Gästen, die zu mir nach Hause kommen, ist es auf jeden Fall besser, wenn sie nicht unter einer Katzenhaarallergie leiden.

Bei bestimmten, hyperallergischen Menschen kann die Anwesenheit einer Katze Nies- oder Asthmaanfälle sowie juckende und tränende Augen auslösen – ich weiß, wovon ich rede, denn ich leide ebenfalls unter einer Katzenhaarallergie!

Wenn man als Katzenhalter Freunde zum ersten Mal zu sich einlädt, ist es demzufolge unerlässlich, sie auf die Anwesenheit von Katzen in der Wohnung hinzuweisen. Obwohl meine Katzen bestens gepflegt und meine Gäste in einer makellos sauberen Wohnung empfangen werden, was den täglichen Säuberungsaktionen mittels »Katzenhaar-Staubsauger« und Bürsten aller Art zu verdanken ist.

Die Situation kann plötzlich zum Albtraum werden und der nette Abend ein jähes Ende finden …

Kaum eine Chance für Katzenfeinde

Wer meine Katzen nicht mag, hat kaum Chancen, mein Freund zu werden …

Ich lade äußerst ungern Leute zu mir ein, die meine Katzenbegeisterung als überzogen betrachten, in ihren Worten finden, mein Katzenfaible sei etwas »psycho«, »maso« oder »schizo« … nun, eben alles, was in der medizinischen Terminologie auf »o« endet … Mir die alte Leier über das Thema Katzen anzuhören, wird mit Sicherheit dazu führen, dass der Abend unschön verläuft. Es besteht die Gefahr ernsthafter Auseinandersetzungen, sodass sich die katzenfeindliche Person früh verabschiedet, was kaum das Zeichen für einen gelungenen Abend sein dürfte!

CATCH ME
IF YOU CAN!
SPORT PET

Ich habe festgestellt, dass ich mich meist mit Leuten anfreunde, die ähnlich tierlieb sind wie ich und meist selbst Katzen oder Hunde haben, manche auch Kaninchen. Manche haben zudem auch Kinder, denn das ist übrigens keineswegs unvereinbar, und mit Haustieren aufzuwachsen, kann die gesunde geistige Entwicklung der lieben Kleinen durchaus fördern.

Im Endeffekt rate ich Ihnen, enge Freunde bewusst auszuwählen, um katzenbedingten Zerwürfnissen vorzubeugen … Ich für meinen Teil pflege nette Bekanntschaften außerhalb des privaten Kreises und lade nur enge Freunde zu uns ein.

Auch unter Katzenfreunden sollte man aber aufpassen, nicht den ganzen Abend nur noch über die geliebten Samtpfötchen zu sprechen, und somit Ähnliches zu tun wie Eltern, die imstande sind, einem stundenlang nur Geschichten über ihre Kinder zu erzählen, denn das kann ziemlich ermüdend wirken.

Da Ihre Katzen außergewöhnliche Wesen sind, haben Sie das Recht, sie zwei Minuten in den höchsten Tönen zu loben, sobald sie im Wohnzimmer auftauchen – aber das reicht dann auch, glauben Sie mir!

ANEKDOTE

Bis er anderthalb Jahre alt war, kam Harper's niemals auf den Schoß gesprungen, er hasste es, hochgehoben zu werden, und zusammengerollt auf unseren Beinen zu liegen, war für ihn ein Ding der Undenkbarkeit.

Einmal, während einer Abendgesellschaft bei uns, ließ er sich plötzlich blicken. Zu unserer großen Freude war einer unserer Freunde (ein großer Katzenliebhaber) voller Bewunderung für den Riesenkater und konnte nicht widerstehen, ihn auf seine Knie zu heben. Ich hatte keine Zeit mehr, den Freund zu warnen, und er hatte schon mit Bestimmtheit begonnen, Harper's ein paar Streicheleinheiten zukommen zu lassen. Obwohl nicht ganz freiwillig, schien Harper's diese etwas erzwungene Muskelmassage tatsächlich zu genießen, und seitdem kommt er öfter mal auf den Schoß …

Ein Hoch auf Freunde, die uns das Leben versüßen und ein Händchen dafür haben, unsere Katzen glücklich zu machen!

Knigge

für Katzen

Wohlerzogene Katzen wissen durchaus, wie man sich in Gesellschaft richtig benimmt …

Meine Katzen lieben meine Freunde, aber sie sind keine dressierten Äffchen und auch keine Menschen in Miniaturform! Sie geben nicht Pfötchen und sagen weder »Guten Tag, meine Dame« noch »Hallo, mein Herr«! Obwohl ich meine Miezen zugegebenermaßen schon mal insgeheim als »meine Babys« bezeichne, weiß ich doch um meine Rolle und vermeide es trotz meiner Katzenbegeisterung, mich in der Öffentlichkeit oder vor Bekannten lächerlich zu machen. Lassen Sie mich Ihnen diesen kleinen Rat geben: Es ist absolut nicht notwendig, Ihren Katzen beizubringen, zur Tür zu kommen, um Gäste zu begrüßen. Sie sind keine Kinder! Gäste kommen zu Ihnen zu Besuch und nicht zu einem Diner mit Ihren Katzen. Und vergessen Sie nicht, dass Katzen keineswegs modische »Wohnaccessoires« sind, die zur Besichtigung freigegeben werden.

Wenn Besuch kommt, erkennen unsere Katzen aus dem Hause Thomass sofort die Stammgäste – sowohl die, denen sie bei unseren Urlauben auf dem Land begegnet sind, als auch jene, die sie von unseren Pariser Abendessen her kennen. Wenn unsere Miezen mit Personen vertraut sind, gucken sie beim Klang ihrer Stimmen sofort neugierig um die Ecke. Neue Freunde dagegen müssen manchmal einige Zeit warten, bis Glamour (unser Scheuester) zu erscheinen gedenkt. Seine Hoheit mag nichts Neues, auch keine neuen Freunde. Er lässt sich Zeit und manchmal lässt er sich auch gar nicht blicken!

Vogue, unsere Königin, liebt es dagegen, begrüßt, gestreichelt und mit Komplimenten bedacht zu werden. Harper's wiederum hält es in Sachen Gastfreundschaft mit einer Mischung aus beidem. Er kommt immer sehr zaghaft herbei, um die Situation zu erkunden und die Gäste genauer unter die Lupe zu nehmen. Wenn er sich ein Bild der Lage gemacht hat, gibt er sein schönstes Schnurren zum Besten und lässt sich mit großer Zufriedenheit streicheln …

MEINE GOLDENE REGEL

Noch nie hat sich eine meiner Katzen einem Gast in unserer Wohnung gegenüber feindlich gezeigt oder diesen gar gekratzt. Damit so etwas gar nicht erst passiert, ist es wichtig, eine Katze niemals zu zwingen, sich in fremder Gesellschaft zu präsentieren, wenn sie dazu keine Lust hat. Eine Katze hat ihre Launen, und sie allein entscheidet, wann sie uns mit ihrer Anwesenheit beglückt.

Meine Katzen

in der Sommerfrische

• 9 •

AB IN DEN URLAUB!

Ja, für uns Menschen sind Urlaube ein Vergnügen, für unsere Katzen bedeuten sie aber oft großen Stress. Was kann man also tun, um auch ihnen die Ferien zu versüßen? Da bieten sich zwei Lösungen an.

Lösung Nr. 1

Ich liebe meine Katzen

und lasse sie zuhause!

Als perfekte Katzenmutter möchte ich, dass meine Miezen in ihrem »Home sweet Home« bleiben können.

Ich habe glücklicherweise Freundinnen aus Japan, die regelmäßig nach Paris kommen. Unsere japanischen Freunde haben die wundervolle Eigenschaft, sehr geduldig und zuverlässig zu sein.

Wenn ich in Urlaub fahre, ist das superpraktisch. Ich überlasse mein Pariser Domizil dann einer meiner Freundinnen, die die Wohnung– und die Katzen – übernimmt!

Da ich meinen Freunden aber nicht die Rolle der Haushälterin zumuten möchte – denn sie kommen ja nach Paris, um hier eine schöne Zeit zu verbringen –, kommt täglich eine Pflegekraft, die mit meiner Wohnung und mit meinen Katzen vertraut ist. Sie kennt alle Anweisungen, etwa das Verbot, die Fenster zu öffnen, wenn die Fensterläden nicht geschlossen sind, und die Vorschrift, die Miezen mit musikalischer Untermalung durch »Radio Classique« zu unterhalten.

Das ist meine Ideallösung, damit wir alle, die Katzen ebenso wie wir, schöne Ferien verbringen. Aber Achtung: meine »Eskapade« dauert niemals länger als zwei Wochen, und nach der Rückkehr in den »Schoß der Familie«, tue ich alles, um meine Katzen mit einem kleinen Landurlaub zu belohnen: denn sie haben schließlich auch ein Recht auf Ferien!

Die andere Lösung besteht darin, vom Tierarzt empfohlene »Catsitter« zu beauftragen, die jeden Tag in der Wohnung vorbeischauen, um die Katzen zu versorgen. Nichtsdestotrotz, was mich betrifft, ist dies eine Lösung, die ich nicht in Betracht ziehen möchte ...

ANEKDOTE

Als wir über Neujahr in Indien waren, rief ich von dort aus täglich zuhause an, um zu erfahren, ob alles in Ordnung sei … aber ich sorgte mich nicht etwa um meine Freunde oder um meine Wohnung, sondern um die Katzen! Als ich mich wieder einmal nach ihnen erkundigte, antwortete mir meine langjährige Haushälterin am anderen Ende der Leitung prompt: »Madame, es ist unglaublich, Ihre japanische Freundin striegelt die Katzen mit der Muji-Bürste, Sie wissen schon, mit der Klebebürste, die Fussel von der Kleidung entfernt!« Erstaunen und Erschütterung … das war alles mein Fehler! Ich hatte unserer Freundin gesagt, dass diese Bürste genial sei, um Katzenhaare zu entfernen! Glücklicherweise hatte sie sich gerade erst an die Arbeit gemacht und war nach nur zwei Minuten von den Entsetzensschreien der Haushälterin abrupt gestoppt worden! Kleine Schrecken dieser Art können passieren, ich versuche, die Kirche im Dorf zu lassen und zu relativieren … im Zweifelsfall wäre ich aber imstande, mich sofort in den nächsten Flieger zu setzen und allen den Urlaub zu verderben!

Lösung Nr. 2

Ich liebe meine Katzen

und nehme sie mit!

Denn ohne sie ist das Urlauben nur halb so schön …

Die Reise erfolgt mit dem Auto oder der Eisenbahn, denn mit drei Katzen im Flugzeug zu reisen, wäre ein Ding der Unmöglichkeit …

Die beste Option ist und bleibt das Auto; die Katzen kennen dieses Transportmittel und haben deshalb keinerlei Stress. Aber selbstverständlich staple ich die Katzenkörbe nicht übereinander. Meine kleinen Fahrgäste sind auf dem Rücksitz des Autos sicher nebeneinander untergebracht.

Wir mieten uns sogar ein größeres Auto, damit wir es alle absolut bequem haben.

Die

Sommerfrische

REISE IM AUTO ODER MIT DER BAHN?

Bei Autofahrten müssen die Katzen immer in ihren Körben auf dem Rücksitz untergebracht sein. Ich kann Ihnen nur sehr ans Herz legen, stets einen oder zwei große leichte Pareos oder Tücher zur Hand zu haben, um die Körbe bei starkem Sonnenlicht abzudecken.

Man darf Katzen nicht zu stark der Klimaanlage aussetzen … da sie leicht eine Bindehautentzündung bekommen können!

Katzen müssen in einer heiteren Atmosphäre und bei moderater Temperatur reisen; es sollte nicht zu kalt, aber auch nicht zu warm sein. Auch sollte man eine Fahrt bei offenem Fenster vermeiden, da das einen Höllenlärm erzeugt, der sie stresst.

MEINE GOLDENE REGEL

Während der Fahrt darf sich die Katze niemals frei im Wagen bewegen, denn das ist wirklich gefährlich! Beim geringsten Bremsen läuft sie Gefahr, gegen oder durch die Windschutzscheibe geschleudert zu werden, sie kann auf den Fahrer springen und ihn ablenken, sodass er die Kontrolle über das Fahrzeug verliert. Das wäre viel zu riskant …

Auch in der Bahn kann es vorkommen, dass die Sonne auf den Katzenkorb brennt. Setzen Sie Ihre Katze keinesfalls der prallen Sonne aus! Es steht außer Frage und ist eigentlich unnötig, darauf hinzuweisen, dass man die Katze bei einem Halt an der Autobahnraststätte nicht bei geschlossenen Fenstern allein im Wagen zurücklassen darf, wenn es heiß ist … Das geht ebenso wenig wie bei einem Kind!

Wenn es Katzen gut geht, können sie durchschnittlich sechs Stunden am Stück schlafen, ohne dass sie irgendetwas brauchen. Danach muss man einen Halt einlegen. Eine Katze ist kein Hund, sie verrichtet ihr Geschäft nicht am Straßenrand! Man muss eine wirkliche Pause machen. Wenn unsere Fahrt zwölf Stunden dauert, machen wir auf halber Strecke einen Stopp.

Wenn ich eine meiner Katzen im Flugzeug mitnehmen muss, gibt mir die Tierärztin ein leichtes Beruhigungsmittel, das ich der Katze eine halbe Stunde, bevor wir dass Haus verlassen, verabreiche. Für Katzen ist eine Flugreise eine echte Tortur. Zu der Zeit, als wir nur zwei Katzen hatten, habe ich das schon ab und zu mal gemacht. Heute vermeide ich dieses Transportmittel, soweit es nur geht.

GUT ZU WISSEN

Für Reisen innerhalb der EU benötigen Sie für Ihre Katze Folgendes:

- Tätowierung oder elektronischer Mikrochip zur Identifizierung,
- Gesundheitspass mit den gültigen Impfungen,
- europäischer Heimtierausweis, ausgestellt von einem dazu legitimierten Tierarzt.

Um ganz auf Nummer sicher zu gehen, können Sie sich beim Außenministerium in Deutschland (oder beim Konsulat bzw. bei der Botschaft des Landes, in das Sie reisen möchten) über die Einreiseformalitäten und erforderlichen Impfungen informieren.

HOTEL ODER FERIENHAUS?

Die erste Schwierigkeit besteht darin, eine Unterkunft zu finden, in der drei Katzen willkommen sind. Im Allgemeinen gilt, je luxuriöser das Hotel, umso einfacher die Verhandlungen, aber es wird auch dementsprechend teuer! Ideal ist es, wenn man zwei ineinander übergehende Zimmer mieten kann, denn zu fünft in einem einzigen kleinen Hotelzimmer wird es schon etwas eng ...

Wenn wir ins Hotel gehen, ist die Organisation für uns ziemlich einfach, denn dann profitieren wir von einem erstklassigen Zimmerservice. Trotzdem versuche ich, immer anwesend zu sein, wenn die Raumpfleger ihrer Arbeit nachgehen, aber das Personal hat seine Vorschriften, an die es sich halten muss.

Ein Ferienhaus buchen wir meist Monate im Voraus und statten ihm, wenn möglich, bereits vor Urlaubsantritt einen Besuch ab, um zu überprüfen, ob es auch wirklich katzentauglich ist.

Trotzdem ist ein Ferienhaus nicht die beste Urlaubslösung für Katzen. Sie kommen in eine weiträumige neue Umgebung mit tausenderlei fremden Ecken und Gerüchen. Ein Aufenthalt dort sollte nicht länger als zehn Tage dauern.

MEINE GOLDENE REGEL

Als Urlaubs-Schlafkojen haben meine Katzen ihre großen Weidenkörbe, aber da sie es lieben, es sich auf Betten gemütlich zu machen, habe ich eine Sammlung von Tüchern dabei, damit die Tagesdecken im Hotel oder Ferienhaus nicht unter Katzenhaaren oder Kratzspuren leiden.

MEINE GOLDENE REGEL

Urlaub dient der Entspannung – also versuchen Sie, Ihre Zeit nicht damit zu verbringen, sich unnötigerweise Sorgen um Ihre Katzen zu machen – auch wenn ich weiß, dass das leichter gesagt ist als getan! Damit alles reibungslos klappt, muss die Organisation perfekt und die Situation vollkommen unter Kontrolle sein, und dies, ohne dass die Vierbeiner es bemerken. Das Leben der Katzen in unserem Ferienhaus zu organisieren ist eine Herausforderung! Aber es ist auch eine gute Gelegenheit, die Manieren Ihrer Katze schätzen zu lernen und festzustellen, dass sie perfekt und ein echtes Goldstück ist …

Unsere Katzen fahren liebend gerne in »ihr« Ferienhaus auf dem Land – schade, dass das nicht immer auch für uns der Himmel auf Erden ist …

Eine wohlerzogene Katze wird in einem Hotel oder Ferienhaus nicht für Ärger sorgen. Wenn Sie mehrere Katzen haben, ist es umso wichtiger, dass Ihre Samtpfötchen tadellose Manieren haben. Um zu vermeiden, dass sich der Aufpreis von Tag zu Tag erhöht, muss klipp und klar sein, dass sie die Einrichtung nicht mit ihren Krallen beschädigen. Das gehört zu ihrer guten Erziehung.

Wenn ich bei der Abreise anerkennende Worte der Hoteliers oder Vermieter über die Klugheit und Schönheit meiner Katzen höre, erfüllt mich das mit großem Stolz.

KLEINER TIPP

Vergewissern Sie sich vor Ihrer Ankunft im Urlaubsdomizil bei den Besitzern, dass dort kein Rattengift ausgelegt wurde, und falls doch, dass es vor Ihrer Ankunft entfernt wurde. Und natürlich sollten auch Sie selbst Ihre neue Bleibe noch einmal auf Katzensicherheit hin überprüfen. Vorsicht ist auch bei Mottenkugeln geboten, denn die können Katzen ebenfalls gefährlich werden ….

KATZENGEPÄCK

Der Vorteil einer Reise im Auto besteht darin, dass Sie für Ihre kleinen Lieblinge mehr als nur einen kleinen Koffer mitnehmen können! Packen Sie alles ein, was Sie brauchen, um zu verhindern, dass Sie nach Ihrer Ankunft in einer fremden Stadt umherirren müssen, um ein wichtiges fehlendes Untensil zu kaufen; das ist unnötiger Stress, den man sich leicht ersparen kann.

Hier meine beste Checkliste für einen gut gepackten Katzenreisekoffer:

- 1 Korb für jede Katze, im Winter plus 1 Decke und im Sommer plus 1 Pareo;
- 1 Katzenklo;
- ausreichend Katzenstreu (entsprechend der Reisedauer);
- 1 antibakterielles Reinigungsmittel für das Katzenklo;
- 1 Päckchen Müllbeutel zum Entsorgen der Katzenstreu (unerlässlich im Hotel);
- 1 Leine mit Brustgeschirr für jede Katze, mit einem Schild, auf dem Ihr Name und Ihre Handy-Nummer stehen;
- 1 Mini-Kamera (falls nötig), die direkt mit Ihrem Smartphone verbunden ist, um selbst am Strand ein Auge auf die Miezen haben zu können! Technik ist was Wunderbares!
- 1 Erweiterungskit für das Tierzaunsystem;
- ausreichend Trockenfutter (entsprechend der Reisedauer);
- 2 Schalen (für Wasser und Trockenfutter) pro Katze;
- 1 Bürste;
- 1 Katzen-Augenlotion und
- Wattepads;
- 1 Schachtel Antiparasiten-pipetten (gegen Flöhe und Zecken);
- 1 Trockenshampoo;
- 1 Reiseapotheke (Antibiotika, Antidiarrhoika, Desinfektionsmittel, Mittel gegen Niesen und Schnupfen); und vor allem: das Katzen-Thermometer!

Unsere Katzen im

Landhaus

mit Garten …

Sommerfrische, aber richtig!

Wir haben unser Landhaus so ausgewählt, dass es dem Wohlbefinden der Katzen dient: vor allem musste das Haus einen Garten haben, in dem sich die Katzen gefahrlos aufhalten können und der vollkommen von Mauern umschlossen ist, sodass sie unmöglich ausbüxen können.

So kann ich die Katzen auf dem Land in aller Ruhe in den Garten lassen, wobei ich allerdings immer ein Auge auf sie habe.

Man sollte dabei wissen, dass es für mich keine wirkliche Erholung bedeutet, wenn ich die Katzen unbeaufsichtigt durch den Garten streunen lasse, denn sie haben das Talent, allerhand anzustellen und sich in gefährliche Situationen zu bringen, etwa eine Wespe in vollem Flug zu fangen und zu fressen …

GUT ZU WISSEN

Urlaube im Landhaus genießen unsere Katzen so sehr, dass es ein Jammer wäre, sie nicht mitzunehmen! Aber in fremde Ferienhäuser fahren sie nur mäßig gerne. Der beste Beweis dafür: Letzten Sommer haben wir uns ein sehr schönes Ferienhaus in Italien gemietet. Es war sehr geräumig, und die Katzen logierten mit uns in einer Suite im ersten Stock. Trotz allem hat Harper's acht Tage unter dem Bett verbracht! Er hasste die neue Umgebung und lebte erst wieder auf, nachdem wir die Tür zu unserer Pariser Wohnung aufgeschlossen hatten.

FÜR ABKÜHLUNG SORGEN

Im Sommer rate ich Ihnen, bei großer Hitze gut auf Ihre Katzen zu achten, damit sie sich nicht in der prallen Sonne aufhalten. Katzen können tatsächlich einen Hitzschlag erleiden, wenn sie sich nicht instinktiv an einen kühlen Ort begeben.

Hier sind wieder einmal Sie gefragt, um achtsam zu sein!

Wenn es sehr heiß ist, achte ich nur darauf, dass sich unsere Miezen ausschließlich im kühlen Haus aufhalten und dieses nur in der Morgen- oder Abendfrische verlassen. Außerdem benetze ich ab und zu die Ballen meiner Katzen, nach Rat meiner Tierärztin.

Ideal ist es hierfür, den Boden des Waschbeckens etwa 1 Millimeter hoch mit Wasser zu bedecken und die Katze dann hineinzustellen. Aber schön vorsichtig, ich habe nicht gesagt »sie hineinplumpsen lassen«! So werden alle vier Pfoten auf einmal befeuchtet, ohne dass sie überhaupt Zeit hat, sich dessen bewusst zu werden ...

Aber keine Angst, so weit, dass ich meinen Katzen Strohhut und Sonnenbrille aufsetze, gehe ich auch wieder nicht! Ich würde es zwar liebend gerne tun, denn das gäbe ein wunderbares Foto für meinen Instagram-Account ab! Aber Katzen sind keine Anziehpuppen, und jede Verkleidung wäre unter ihrer Würde ...

EIN KATZENGERECHTER GARTEN

Ich habe auch die Pflanzen und Blumen im Garten hinsichtlich meiner Katzen ausgewählt, da viele Pflanzen für Katzen giftig sind. Ich werde hier aber keine Liste davon aufführen, denn das würde den Rahmen dieses Buches sprengen. Im Internet können Sie die Liste der für Katzen gefährlichen Pflanzen einsehen und Ihre eigene Wahl treffen. Andernfalls kann sie auch der Tierarzt, unser bester Freund, für Sie zusammenstellen.

Vorsicht ist auch geboten, was Unkraut- und Schädlingsbekämpfungsmittel angeht. Viele Hobbygärtner setzen recht sorglos »sehr wirksame« Mittel im Garten ein, die für Katzen giftig sein können ... kein Wunder, denn diese Zaubermittel sind ja darauf ausgerichtet, Leben zu vernichten – wenn auch nur das von »Unkraut« und Insekten.

Sie müssen sich immer sagen: Je größer die Wirksamkeit eines Mittels, umso gefährlicher ist es auch für Katzen

Für mich sollte ein Garten in erster Linie dem Vergnügen dienen, die Vielfalt der Natur zu beobachten: Er ist voller kleiner Lebewesen wie Bienen, Schmetterlingen, verschiedensten Pflanzen und Kräutern aller Art … aber nach dem Einsatz chemischer Keulen summt und brummt im Garten fast nichts mehr, und es wächst auch nicht mehr viel, außer vielleicht der perfekte Rasen! Und dabei lieben es unsere Katzen doch so sehr, hinter Schmetterlingen herzujagen …

Für Katzenhalter ist es außerdem streng verboten, einen chemisch behandelten Rasen zu pflanzen, da Katzen gerne Gras fressen, um sich die Verdauung zu erleichtern, und chemische Rückstände im Rasen ein Fiasko für sie wären. Ein Verbot gilt ebenso für die Verwendung toxischer Produkte zur Bekämpfung von Schnecken, Mäusen, Maulwürfen etc.

MEINE GOLDENE REGEL

Für die Gartenpflege geht meiner Meinung nach nichts über Großmutters gute alte Hausmittel und traditionelle Methoden, wie man sie in alten Büchern findet. Man sollte nicht zögern, auf Trödelmärkten nach vergilbten Gartenratgebern zu stöbern, man kann sich aber auch im Internet diesbezüglich kundig machen.

• 10 •

ALLES FÜR DIE GESUNDHEIT MEINER MIEZEN

Eine Rassekatze ist ein wenig wie ein teurer Sportwagen, sie muss häufig zur »Inspektion«, und jede dieser Kontrolluntersuchungen verläuft nach ähnlichen Prinzipien wie in der Autorwerkstatt – sie kostet ein Vermögen …

Stippvisite alle

180 Tage

Wie bei uns Menschen, sollte man auch bei Katzen lieber vorsorgen und nicht nur heilen …

Meine drei Katzen und ich haben alle sechs Monate eine Verabredung mit dem Tierarzt.

Meine Tierärztin ist superklasse, denn sie gibt mir »Mengenrabatt«!

Der Kontrollbesuch nach 180 Tagen umfasst, falls nötig, die Auffrischung der Impfungen, die Überprüfung der Zähne und der Ohren – meine Obsession! Und da es ja auch irgendeine ernsthafte, nicht entdeckte Komplikation geben könnte, verlange ich zudem immer eine kleine Blutabnahme zur Kontrolle und einen Ultraschall der Nieren.

Und jedes Mal fürchte ich aufs Neue die Vorstellung, dass die Tierärztin doch etwas finden könnte, denn es ist ja offensichtlich: Je mehr man sucht, umso mehr findet man … Aber ich möchte dennoch Gewissheit – die Vogel-Strauß-Taktik ist nicht mein Ding! Daher suche ich, beobachte ich, analysiere ich, kurz und gut: Ich kümmere mich um jeden und alles, außer um mich selbst … als Katzenmama bin ich wirklich unermüdlich!

Das Schlimmste ist, dass ich supercool bin, wenn es um meine eigene Gesundheit geht (selbst wenn ich zur Mammografie gehe, pfeife vor mich hin). Aber bei allem, was meine Katzen angeht, bin ich völlig blockiert …

MEINE GOLDENE REGEL

Ich muss zu meinem Tierarzt absolutes Vertrauen haben. Ich vertraue ihm das Wohl meiner Lieblinge an und erwarte von ihm, dass er kompetent die Tiere behandelt und zudem für mich ein wenig den Psychologen spielt … Das schadet jedenfalls nicht!

DER TIERARZT IHRES VERTRAUENS

Glücklicherweise ist meine Tierärztin fantastisch, die liebenswürdige Frau Dr. Hania schlüpft oft in die Rolle der Seelsorgerin, und ich vermute, dass sie es mit den Herrchen und Frauchen oft schwerer hat als mit den Tieren selbst … Sie bleibt selbst bei panischen Wochenendanrufen bewundernswert gelassen, wenn ich sie mit Belangen wie etwa diesen überfalle: »Hallo, entschuldigen Sie bitte, dass ich Sie am Wochenende belästige, aber meine Katze ist krank, ich weiß nicht, was sie hat!«, »Frau Doktor, das ist doch nicht normal, sie schläft die ganze Zeit!« oder »Sie übergibt sich ständig!« Ich erinnere mich, wie ich einmal sogar zu ihr sagte: »Hallo, Frau Doktor, es ist schrecklich, Harper's Pipi war leicht rosa!«, und ihr zum Beweis noch das entsprechende Foto mitschickte! Sie gibt geduldig Antwort auf alle meine Fragen.

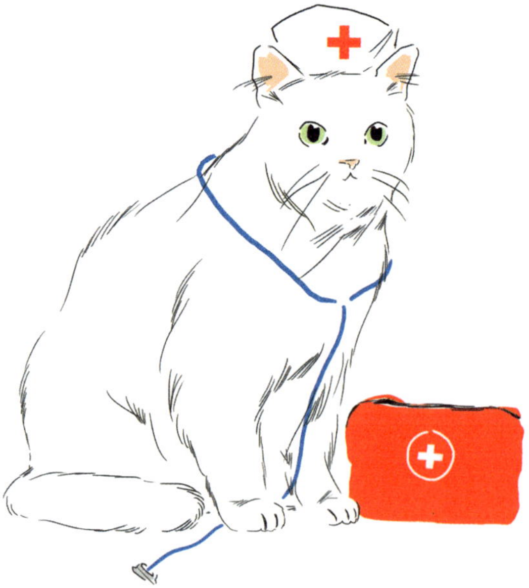

Ein guter Tierarzt hat für besorgte Katzenbesitzer immer die richtige Antwort parat, und glauben Sie mir, mir fehlt es nicht an Fragen und Befürchtungen aller Art!

Aber Sie dürfen beruhigt sein, denn Notrufe sind glücklicherweise nicht an der Tagesordnung. Man sollte aber auch nicht zögern, wenn es Anlass zur Sorge gibt. Was meine Katzen betrifft, waren diese Anrufe erwiesenermaßen immer wichtig.

Bei einem Notfall erkennt man an der Antwort und Einsatzbereitschaft des Tierarztes, ob er kompetent ist oder nicht!

In dieser Hinsicht ist es nicht angebracht, mit zweierlei Maß zu messen.

Am Telefon versucht meine Tierärztin zuallererst, mich zu beruhigen. Dann erstellt sie eine Checkliste der vergangenen 24 Stunden und stellt dann zügig ihre Diagnose. Wenn es Sonntag ist und sie beunruhigende Symptome festgestellt hat, verordnet sie mir, rasch in die Tierklinik zu fahren, um die Katze unter Beobachtung zu stellen, und sie dabei auf dem Laufenden zu halten. Diese Klinik ist für mich der absolute Heilige Gral, und ich vertraue dem Personal dort vollkommen.

Stellt sie dagegen nichts Ernstes fest, rät sie mir, das Wochenende abzuwarten und dabei mit ihr in Kontakt zu bleiben, bevor ich dann am Montagmorgen in der Praxis erscheine.

Es ist auch schon vorgekommen, dass sie mir ein Rezept per Email zukommen ließ, um in der nächstgelegenen Tierklinik ein Medikament zu erhalten.

GUT ZU WISSEN

Ich gehorche meiner Tierärztin aufs Wort. Was mich selbst angeht, so kann es passieren, dass ich mich dann und wann einmal selbst kuriere, für meine Katzen ist jedoch das Wort der Tierärztin das Evangelium: Ich befolge alle ihre Anordnungen genau, ohne jegliche Improvisation meinerseits.

MEINE GOLDENE REGEL

Ich rate zu einem Tierarzt, der – egal was passiert und auch am Wochenende – verfügbar ist oder Sie an eine gute Tierklinik verweisen kann.

Wenn Sie fern von zuhause sind, können Sie in erster Linie nichts anderes tun, als Ihren Tierarzt anzurufen. Denn er kennt Ihre Katze und kann Sie diesbzüglich beraten, ob Sie einen Kollegen in der Nähe Ihres derzeitigen Aufenthaltsorts konsultieren sollten oder nicht.

Vergessen Sie außerdem nicht, die Nummern des Tier-Giftnotrufs und der Giftzentralen parat zu halten – ich weiß, das scheint etwas übertrieben, aber diese Nummern sind sehr nützlich, wenn Sie beispielsweise den Verdacht haben, Ihr Tier könnte Chlorreiniger oder ein anderes Reinigungsmittel verschluckt haben. Falls Sie mal mit Ihren Miezen Urlaub in Frankreich machen sollten – hier finden Sie einige hilfreiche Nummern für den Notfall:

- Centre antipoison de Paris: 01 40 05 48 48
- Centre antipoison de l'école vétérinaire de Maisons-Alfort: 01 43 96 72 72
- Centre antipoison de l'école vétérinaire de Lyon : 04 78 87 10 40
- Centre antipoison de l'école vétérinaire de Nantes: 02 40 68 77 40

DIE WAHL DES RICHTIGEN TIERARZTES

Hier kommen die für mich wichtigsten Qualitäten, über die ein Tierarzt verfügen muss, damit er meine Katzen behandeln darf:

Geduld und Empathie: Meine Tierrärztin ist überaus geduldig und einfühlsam. Sie versteht meinen Stress und meinen Seelenzustand voll und ganz, wenn meinen Lieblingen etwas fehlt …

Katzenbegeisterung: Tierärzte sind oft auf eine bestimmte Tierart spezialisiert, und ich brauche im Fall der Fälle einen Katzendoktor! Ich war schon mal in einer Tierklinik auf dem Lande, aber ehrlich gesagt ziehe ich es vor, meine Tierärztin in Paris zu konsultieren. Es im Behandlungsraum mit einem Veterinär zu tun zu haben, der fast schon erstaunt darüber ist, dass man ihn wegen einer Katze aufsucht und einen ernsthaft nach der Rasse des in seinen Worten »drolligen« Patienten fragt, ist kein Vergnügen … darauf kann ich gerne verzichten.

Fachliche Kompetenz: Jede Rasse hat ihre Besonderheiten, leidet an den jeweils für ihre Rasse typischen Erbkrankheiten und zeigt vollkommen unterschiedliche Verhaltensauffälligkeiten im Krankheitsfall.

Ernährungsberatung: Wenn ein Kätzchen ins Haus kommt, frage ich bei meinem ersten Besuch beim Tierarzt nach und kaufe das Trockenfutter, zu dem mir in der Praxis geraten wird. Dann besprechen wir, ob ich die Trockenkost mit Zusatznahrung (wie beispielsweise frischem oder gekochtem Fleisch oder Fisch) ergänzen soll.

Erreichbarkeit: Mein Tierarzt muss seine Praxis in meiner Nähe haben, denn im Ernstfall habe ich nicht die Zeit, stundenlang durch die Stadt zu fahren. Die Praxis sollte am Samstag geöffnet haben und an Sonn- und Feiertagen sowie in der Ferienzeit einen Bereitschaftsdienst anbieten.

Ein guter Draht zu den Patienten: In dieser Hinsicht mache ich keine Kompromisse; während des berühmten Kontrollbesuchs bei unserer früheren Tierärztin musste ich eines Tages feststellen, dass Vogue begonnen hatte, sie zu hassen. Sie, die sonst keinen Mucks macht, mutierte zur wahren Furie und äußerte ihren Zorn mit wütendem Fauchen und Schnauben. Ich fand ihr Verhalten mehr als ungewöhnlich. Überrascht von dieser Reaktion bestätigte mir die Tierärztin dann, dass sie unmittelbar vor unserem Besuch auch mit einem anderen Tier Probleme gehabt hatte. Vogue hatte das alles verstanden oder zumindest gespürt: und wir sind nie wieder zu ihr gegangen …

Die

Hausapotheke

für Katzen

In einem lichtgeschützten Badezimmerschrank bewahre ich eine Reihe von unentbehrlichen Präparaten und Utensilien für meine Katzen auf. Hier eine Liste:

- Katzen-Thermometer (mit weicher Spitze).

- Desinfektionsspray für Kratzer, wie beispielsweise nach einer kleinen Rauferei.

- Medikamentenspritze (ohne Nadel). Einer Katze oral Medizin zu verabreichen ist normalerweise unmöglich. Die praktische Aufziehspritze ist das einzige Mittel, das die Sache etwas erleichtert, einer Katze ihr Medikament in den Mundwinkel zu drücken.

- Ein Vorrat der von der Tierärztin empfohlenen Antiparasitenpipetten gegen Flöhe und Zecken. Sie sind etwas teurer, aber Glamour ist gegen alles andere allergisch.

- Medikamente gegen Durchfall. Jede Katze hat das ihr verordnete Medikament. Ich achte darauf, auf jeder Schachtel den Namen des Tieres und die Dosierung zu vermerken, damit ich nichts durcheinanderbringe.

Das Messen der

Temperatur

Das einzige, wirklich unverzichtbare Utensil ist das Thermometer.

Es ist das einzige Mittel, das ich kenne, um rasch herauszufinden, ob es meiner Katze gut geht.

Vorsicht! Man benötigt ein spezielles Thermometer für Katzen (oder ein Kinderthermometer mit einer sehr weichen Spitze). Und vor allem müssen Sie die Katze auf einem Tisch in der richtigen Höhe vor sich haben und festhalten, um zu verhindern, dass sie sich bewegt. Dann erst können Sie die Temperatur messen.

KLEINER TIPP

Man muss wissen, dass Katzen keineswegs dieselbe Körpertemperatur hab wie wir Menschen! Eine Katze ist dann topfit, wenn ihre Temperatur 38,5 bis 39 °C beträgt!

Sobald ich den Eindruck habe, dass eine meiner Katzen auffallend träge ist oder sich seltsam verhält, messe ich ihre Temperatur!

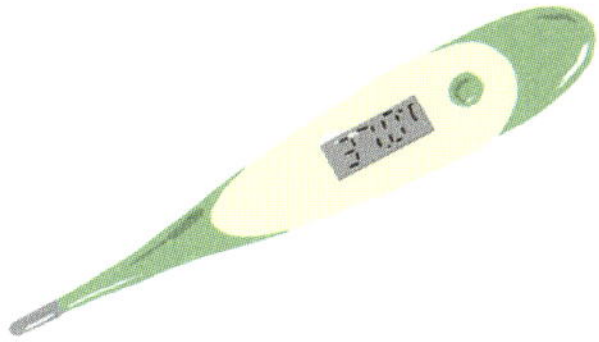

Der

Impfpass

Er sollte immer zur Hand und auf dem neuesten Stand sein!

Der Impfpass – ebenso aussagekräftig wie das Katzenthermometer – ist ordnungsgemäßer Bestandteil des persönlichen Krankenblatts jeder Katze. Die Tierärztin erinnert mich telefonisch an alle Impfungen. Es ist deshalb sehr wichtig, dass der Pass immer auf dem neuesten Stand gehalten wird.

Checkliste

für Katzen

in Topform

Nach Rat Ihres Tierarztes sollten Sie immer für Folgendes sorgen oder es überprüfen:

1

2

3

4

5

6

7

8

9

• 11 •

MEINE KATZE KOMMT IN DIE JAHRE …

Es ist verrückt, wie schnell die Zeit für unsere kleinen Freunde vergeht! Ich würde mir wünschen, sie könnten im selben Rhythmus altern wie ich … Ich wäre 100 Jahre alt und sie auch, und wir würden noch immer im Wohnzimmer miteinander Ball spielen!

Das Lebensalter der

Katzen

ist uns einen Schritt voraus

Ja, wir haben uns für ein gemeinsames Leben entschlossen und werden in guten wie in schlechten Tagen gut aufeinander achten, aber …

Die Natur ist eben, wie sie ist, und wenn eine Rassekatze zwölf Jahre alt ist, dann ist sie in Menschenjahren schon 64. Und notgedrungen kommt sie dann in die Jahre! Die Lebenserwartung einer Katze ist viel kürzer als die unsere, leider …

Ich habe in letzter Zeit festgestellt, dass Vogue eine ältere Dame geworden ist: Sie ist 13 Jahre alt! Ein erstes Zeichen ihres fortgeschrittenen Alters: Vogue schnarcht … genauso, wie es manche unserer Mitmenschen machen: volles Rohr! Das amüsiert mich sehr, und es stört mich auch nicht, weil sie nicht in meinem Zimmer schläft. Aber ich kann sie schon von Weitem hören … Taub ist sie jedoch nicht, die freche Mieze, denn beim geringsten Geräusch, das durch das Öffnen der Trockenfutterpackung entsteht, ist sie die Erste, die in der Küche erscheint!

Um ihr das Leben zu erleichtern, habe ich verschiedene Hilfsmittel in der Wohnung installiert und darauf hingewirkt, dass sie sich ihren Katzenkollegen gegenüber körperlich nicht unterlegen fühlt.

Sie sollte ihre Mahlzeiten nun eigentlich vorzugsweise am Boden einnehmen, aber störrisch wie eine alte Mauleselin, möchte sie keine Veränderung und will weiterhin auf die Arbeitsplatte in der Küche springen. Wir wissen aber beide – sie und ich –, dass es ihr immer schwerer fällt, diese körperliche Leistung zu erbringen; daher stehe ich ihr zur Seite, um zu verhindern, dass ihr Sprung danebengeht und sie sich angesichts des Misserfolgs gedemütigt fühlt. Oder ich fungiere als »menschlicher Fahrstuhl« für sie. Sie hat dafür ein Ritual ersonnen: Sie stellt sich neben mich und sieht mich mit halb freundlicher, halb ungeduldiger Miene an, um mir zu verstehen zu geben, dass ich nun meine Rolle als »Lift-Boy« übernehmen soll!

Alte Tage auf

vier Pfoten

Als gute Katzenmama passe ich mich an die körperlichen Befindlichkeiten meiner Katzen an. Folglich schenke ich meiner älter werdenden Katzendame mehr Aufmerksamkeit und treffe gewisse Vorkehrungen …

Vogue entwickelt mittlerweile auch ein paar kleine Ticks: Sie möchte als Erste etwas zu futtern, sie will das Katzenklo als Erste benutzen … kurz und gut, sie möchte überall die Erste sein. Vielleicht ist das ihre Taktik, um auf dem Laufenden zu bleiben und mit den beiden anderen mitzuhalten? Ich achte jedenfalls darauf, dass sie so oft wie möglich als Erste an der Reihe ist.

Ein anderes Zeichern für das Älterwerden: Vogue bewegt sich auf ihren vier zarten Pfoten immer behutsamer. Das ist der beginnende Rheumatismus, vor allem, weil Madame etwas an Leibesfülle zugelegt hat: Mit über 5 Kilogramm ist es nicht mehr so leicht, sich als Katze schnell zu bewegen …

Die andere Sache ist, dass sie mit zunehmendem Alter immer mehr Streicheleinheiten benötigt.

Als gute Katzenmama habe ich ihr immer eine überschwängliche Zärtlichkeit entgegengebracht. Und ich muss damit nicht nur fortfahren, sondern noch mehr tun und sie mit jeder Menge Streicheleinheiten durch ihr – hoffentlich noch sehr langes – Katzenleben begleiten. Aber innerlich bereite ich mich psychologisch schon auf den Abschied vor! Deshalb wollte ich auch mehrere Katzen haben. Denn auch wenn beim Verlust eines Tieres der Kummer groß ist, sind noch die anderen da, die mich daran erinnern, dass das Leben weitergeht.

MEINE GOLDENE REGEL

Eine betagte Katze hat ganz andere Bedür- fnisse als ein junges Kätzchen, sie liebt es aber zeitlebens, sich zu amüsieren. Trotz ihrer 13 Jahre hat Vogue immer noch genauso viel Freude an unseren Spielen und sie beteiligt sich daran wie ein junges Kätzchen. Und ich kann sogar fest- stellen, dass oft sie es ist, die den Ball am schnellsten erwischt!

Und nur weil eine Kat- ze in die Jahre kommt, dürfen Sie sie auf keinen Fall den ganzen Tag schlafen lassen – ganz im Gegenteil, Bewegung hält fit!

Ihre Katze(n)

und Sie

• 12 •

ALL DIE GRAZIE EINER KATZE

Die Fellpflege Ihrer Katzen sollte nicht im Wohnzimmer beim Fernsehen erfolgen. Man muss einen praktischeren Ort dafür finden, wie beispielsweise im Bad, vorzugsweise im Waschbecken. Auf jeden Fall macht man das stehend und nicht, während man auf dem Sofa sitzt, nein, niemals! Ein guter Platz ist auch die Arbeitsplatte in der Küche, im Besonderen das Spülbecken, aber da sollte man auf die Toleranzgrenze des Ehepartners oder der anderen Mitbewohner Rücksicht nehmen.

Die Wohltat einer

Bürstenmassage

Die Bürste ist das wichtigste Accessoire für die Katzen-Schönheitspflege.

Eine gute Bürste muss weich sein, aber Borsten aus Metall haben, die speziell für Katzen entwickelt wurden. Verwenden Sie als Katzenbürste also nicht die Ihres Afghanischen Windhundes!

Das Bürsten muss mit großer Zartheit erfolgen, dann ist es für Ihre Katze ein Hochgenuss!

Es ist übrigens ganz einfach: Sie mag es nur, wenn es gut gemacht wird, und das lässt sie Sie deutlich wissen …

Es ist unerlässlich, seine Katze im Durchschnitt mindestens zweimal pro Woche zu bürsten, um zu vermeiden, dass sich die Wohnung durch Haarknäuel in ein riesiges Plumeau verwandelt. Für die Bürstenaktionen habe ich eine Taktik entwickelt, damit es in meiner Wohnung nicht so aussieht wie in einem Katzenfriseursalon: Ich setze meine Katzen eine nach der anderen in das Waschbecken im Bad oder in der Küche. Diese Methode bietet einen doppelten Vorteil: erstens kann sich das Tier nicht groß bewegen, und zweitens ist es einfach, mit etwas Wasser die abgebürsteten Katzenhaare zu entsorgen (keine Sorge, mit einem Sieb verstopft der Abfluss nicht). Katzenhaare sind im Spülbeckensieb auf jeden Fall besser aufgehoben als im Wohn- oder Esszimmer!

Wenn meine Katzen beim Bürsten artig waren, bekommen sie im Anschluss an die Prozedur ein Leckerli, das sie besonders lieben.

EIN KLEINER TRICK

Wenn wir Besuch bekommen, gebe ich manchmal einen kleinen Tropfen naturbelassenes Orangenblütenwasser (erhältlich beim Backbedarf) auf meine Handfläche und streichle das Fell meiner Katzen, aber nur am Rücken! Wenn ein derart lecker duftendes Seidenpfötchen sich dann meinem Gast nähert, reagiert der meist mit höchstem Entzücken. Das Orangenwasser ist außerdem vermutlich ein gutes Mittel, um Katzen den Stress zu nehmen, denn im Orient verabreicht man gern Kindern zur Beruhigung Orangenblütenwasser! In der Tat liebt Glamour die Behandlung mit der zart duftenden Flüssigkeit, Vogue ist nicht besonders scharf darauf, und was Harper's angeht, lehnt er sie gänzlich ab, denn er erträgt keinerlei Duft, nicht einmal diesen! Das ist seine wilde Seite ...

Krallenpflege bei Wohnungskatzen

Ja, auch Katzen haben das Recht auf eine kleine Maniküre!

Die Krallen müssen immer wieder fachmännisch gestutzt werden – es sei denn, Ihre Katze hält sich den größten Teil des Tages im Freien auf. In erster Linie hat die Krallenpflege gesundheitlichen Nutzen, denn bei zu langen Krallen besteht die Gefahr, dass sie in die Ballen einwachsen, was zu Infektionen führen kann, außerdem verheddert sich die Katze mit langen Krallen leicht in Stoffen. Und zweitens könnte eine Katze, deren Krallen nicht ordentlich gestutzt werden, mit großer Begeisterung Ihre Sofas, Teppiche, Bettpolster und Möbel zerkratzen. Das kann zwar ein willkommener Anlass für einen Tapetenwechsel sein, aber wenn Sie an Ihrem Sofa hängen, stutzen Sie lieber die Krallen Ihrer Stubentiger.

Kratzbaum/Kratzbretter: Utensilien zum Krallenwetzen sind überaus wichtig, denn sie dienen zum Abschleifen der Krallen, reichen aber bei Weitem nicht aus, vor allem, wenn Sie Katzen haben, die nicht gerne Kratzbäume benutzen, sondern lieber das Sofa.

Unsere Katzen sind seit frühester Jugend daran gewöhnt, dass man ihnen die Krallen schneidet. Aber auch wenn diese Prozedur für sie mittlerweile zur Routine geworden ist, sehen sie es nicht unbedingt als Vergnügen und ganz freiwillig unterziehen sie sich der Maniküre nicht! Im Laufe der Zeit sind sie jedoch weitaus weniger gestresst und lassen uns ohne zu fauchen gewähren.. Bei jedem Kontrollbesuch bei der Tierärztin kümmert sie sich fachkundig um das Kürzen der Krallen, aber da wir nur alle sechs Monate in die Praxis gehen, reicht dies leider nicht aus.

TIPP

Kommen Sie nicht auf die Idee, sich um Mitternacht oder am Sonntagmorgen ans Krallenschneiden zu machen, wenn Ihr Tierarzt nicht erreichbar ist! Wir erledigen es immer am Samstagvormittag, und zwar auf einem hohen Tisch; ich halte die Katze in der Position fest, in der es mir meine Tierärztin gezeigt hat, und mein Ehemann führt die »Maniküre« durch.

Anleitung zum Krallenstutzen: Ich habe mir einen speziellen Krallenschneider für Katzen besorgt (Sie dürfen dazu niemals Ihre eigenen Nagelscheren oder Nagelknipser verwenden), und damit führen wir dann durchschnittlich alle zwei Wochen eine »Maniküre«-Sitzung durch. Es ist unerlässlich, dies zu zweit zu tun, da es sich bei dieser Prozedur nach wie vor um eine sehr heikle Angelegenheit handelt.

Es gibt eine kleine weiße Linie, die den Bereich markiert, der nicht überschnitten werden darf; wenn Sie jedoch Befürchtungen oder Angst haben, so wie ich, dann überlassen Sie diese Aufgabe Ihrem Partner oder dem Tierarzt. Wer zu kurz schneidet, riskiert, dass das Blut fließt … Und dann heißt es: Nichts wie ab zum Tierarzt!

Man muss sehr gut aufpassen, dass man die Krallen nicht zu kurz schneidet, denn es verlaufen Adern durch die unteren Teile der Krallen.

Die

Augen

Aus dem Blick meiner Katzen lese ich ihre Bedürfnisse.

Weit geöffnete Augen und ein lauernder Blick bedeutet, dass die Jagd eröffnet ist! Die Jagd nach der Fliege, klar, manchmal aber auch nach Schmetterlingen, und da schreite ich ein und gestatte es ihnen nicht, die Falter zu töten.

Wenn Harper's auf den Hinterbeinen sitzt und seine großen, runden Augen auf mich richtet, gelingt es ihm perfekt, mir durch seinen Blick und seine Haltung zu verstehen zu geben, dass er spielen möchte.

In der Sonne oder bei sehr starkem Licht verengen sich die Pupillen der Katze zu einem dünnen Strich ...

Nachts dagegen sind die Pupillen rund und weit geöffnet.

Angelegte Ohren bedeuten, dass eine Auseinandersetzung ansteht. Katzen rangeln sich oft spielerisch miteinander, was nicht gefährlich ist und kaum länger als zwei Minuten dauert. Dabei zuzusehen, wie mittels Ohrenanlegen die Kampfansage erklärt wird, um die Kräfteverhältnisse auszuhandeln, kann überaus amüsant sein ...

Eine tägliche Augenreinigung ist wichtig, vor allem bei Katzenrassen mit flachem Gesicht wie den Exotic Shorthair, deren Augen oft tränen.

Glamours Augen reinige ich zweimal täglich, am Morgen und am Abend, mit einer Lotion, die ihm von der Tierärztin verordnet wurde. Kochsalzlösung ist ebenfall sehr gut. Verwenden Sie unbedingt weiche Wattepads und nicht etwa ein Stück von der Küchenrolle; denn das wäre so, als würden Sie zur Entfernung Ihres Augenmakeups die raue grüne Seite eines Küchenschwämmchens verwenden! Gehen Sie immer sehr behutsam vor, wie bei einer Liebkosung der Augen, und verwenden Sie reichlich Lotion. Sparen Sie nicht an falscher Stelle, denn die Augen einer Katze sind sehr empfindlich. Nehmen Sie sich Zeit, damit nicht versehentlich Lotion ins Auge der Katze gelangt, weil es schnell gehen soll. Sie tuschen sich ja auch in aller Ruhe die Augen oder schminken sich sorgfältig ab, also sollten Sie auch zwei Minuten für die Augen Ihrer Katze übrig haben.

Was andere Rassen betrifft, so bleibt die Entscheidung Ihnen überlassen, je nachdem, wie empfindlich oder pflegebedürftig die Augen Ihrer Katze sind.

Bei Vogue reicht eine Augenreinigung zweimal pro Woche aus und sie erfolgt zusammen mit dem Bürsten, Harper's bekommt die Augenreinigung jeden zweiten Tag.

Die

Ohren

Manche Katzen benötigen öfter eine kleine Ohrenreinigung als andere!

Ich benutze zur Ohrenreinigung meiner Miezen ein weiches Papiertaschentuch und führe die Putzaktion einmal pro Woche nach dem Bürsten durch – oder den individuellen Bedürfnissen entsprechend öfter. Wattestäbchen verwende ich niemals, denn meine Katzen fangen an zu zappeln, wenn ich ihnen an den Ohren herumfummle, und es wäre das Risiko zu groß, mit dem Wattestäbchen das Ohrinnere zu verletzen. Sie können auch ein Pflegeprodukt bei der Tierärztin erwerben, aber verwenden Sie niemals Alkohol. Die meisten Katzen benötigen keine Ohrenreinigung. Katzen säubern sich ihre Ohren ganz von alleine.

KATZENKOSMETIK

- Katzenbürste
- Trockenshampoo für Katzen
- Katzenshampoo
- kleine, weiche Handtücher
- Krallenschneider
- Augenlotion
- weiche Wattepads
- Katzen-Zahnbürste
- Katzen-Zahnpasta mit Hähnchengeschmack (ja, die gibt es wirklich!)

MEINE GOLDENE REGEL

Setzen Sie bei der Katzen-Zahnpasta auf Katzenminze- oder Hähnchengeschmack! Das Bürsten der Zähne ist eine heikle Angelegenheit, die ich meist dem Tierarzt überlasse, aber jede meiner Katzen besitzt eine eigene Zahnbürste.

Frohe Katzen dank
blitzsauberer
Tatzen

Die wichtigste Regel, gleichgültig, ob Sie eine oder zehn Katzen besitzen: Das Katzenklo muss immer blitzsauber sein!

Nichts ist schlimmer, als in eine Wohnung zu kommen, in der es nach Katzenpipi müffelt ... Dank moderner Katzenstreu existiert heutzutage kein Geruchsproblem mehr!

Wenn es in einer Wohnung nach Katzenpipi riecht, dann liegt das keineswegs an der Katze, denn Stubentiger sind mit Sicherheit die reinlichsten Tiere der Welt! Tatsächlich sind es oft ihre Besitzer, die nicht reinlich genug sind!

Der ideale Ort für das Katzenklo? Natürlich Ihr eigenes stilles Örtchen!

Heutzutage gibt es ultrafeine Katzenstreu, die ganz fluffig und angenehm für die Ballen der Miezen ist. Und nicht nur das – sie ist auch extrem saugfähig und wunderbar geruchsbindend.

Eine kleine Katzenschar macht mehr Arbeit als eine einzelne Mieze, ich bin allerdings sehr privilegiert: meine Katzen benutzen die Toilette, sobald ich dort erscheine! Sie sind fantastisch ... Sie marschieren eine nach der anderen aufs Töpfchen, und meine Aufgabe ist es, nach jedem Toilettengang sofort das jeweilige Geschäft aus dem Katzenklo zu entsorgen, damit nichts die empfindlichen Nasen meiner Miezen stört! Glamour, der dominante Anführer der Schar, verscharrt sein »Geschäft« aus Prinzip nicht, und Vogue hasst es, die Toilette nach ihm zu benutzen ...

Bei jeder Komplett-Erneuerung der Katzenstreu, etwa zwei oder dreimal pro Woche, hat diejenige Mieze den Joker, die als Erste erscheint! Harper's, der mir nicht von der Seite weicht, ist oft der glückliche Sieger!

Meine Miezen

in all ihrer Pracht

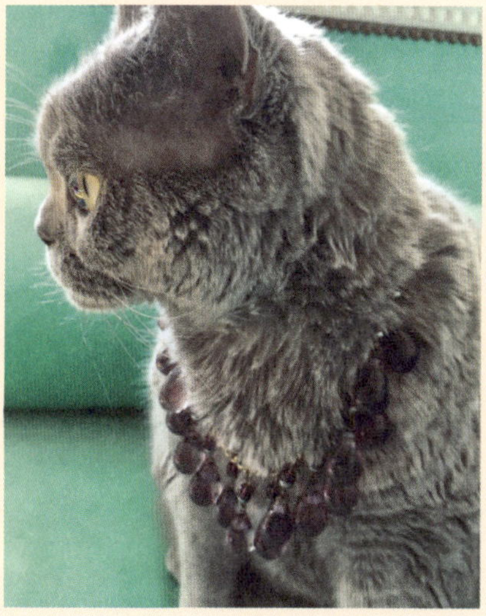

• 13 •

DIE SCHNURRTHERAPIE

Manche Menschen gehen zum Psychologen oder Psychiater, andere schlucken Antidepressiva, und wieder andere tun sogar beides. Wenn ich in meinem Leben eine Auszeit und Entspannung benötige, dann greife ich einzig und allein auf das wunderbare Mittel der »Schnurrtherapie« zurück …

Ein

Gratiskonzert

an wohligen Klängen

Dem Schnurren einer Katze zuzuhören ist eine wundervolle Form der Meditation, die täglich praktiziert werden sollte.

Die Katze wirkt – und da bin ich mir ganz sicher – wie eine Entspannungs-Meditation: Die Therapie beginnt damit, zu beobachten wie sie schläft, und mit dem Schnurren gipfelt sie in einem akustischen Klangerlebnis …

Das Schnurren einer Katze hat die Wirkung eines zarten Schlaflieds, das uns alles vergessen lässt – eine kleine Melodie, die am Abend beim Schlafengehen ganz leise erklingt und uns am Morgen halblaut weckt … Das ist so viel besser als der ohrenbetäubende Klingelton des Weckers oder des Handys!

Meine Katzen sind pünktlich wie Schweizer Uhren und erscheinen immer zur gleichen Zeit in meinem Schlafzimmer, um das Konzert zu beginnen!

Ich habe das große Glück, jeden Abend beim Einschlafen Harper's und Vogue neben mir zu haben, während sich Glamour jeden Morgen beim Aufwachen an meine Seite kuschelt. Meine Miezen haben die höchst angenehme Angewohnheit, bei mir zu bleiben, bis ich eingeschlafen bin, und sich dann zu verdrücken – um morgens vor meinem Erwachen vorsichtig und auf leisen Pfoten zu mir zurückgeschlichen zu kommen.

Und egal ob beim Einschlafen oder Aufwachen werde ich mit dem Rhythmus eines tiefen, wohligen Schnurrens belohnt. Welcher Genuss, nach einem oft stresserfüllten Arbeitstag beim Klang dieser ruhigen Atemzüge einzuschlafen! Ich entspanne mich beim Rhythmus dieses zarten Klangs, und einer guten Nacht mit erholsamem Schlaf steht nichts mehr im Weg. Die Sonne weckt einen manchmal allzu früh, aber bei einem Schnurren ist es eine Freude, die Augen aufzuschlagen.

Ich verstehe, warum die meisten Schriftsteller Katzen besitzen, denn ihre Anwesenheit ist ein Trost, verleiht unserem Alltag Heiterkeit und ist ein Quell der Inspiration und Kreativität.

ANEKDOTE

Glamour übertrifft sich oft geradezu selbst in der Methode der Schnurrtherapie! Wenn er kommt, um mir im Bett Gesellschaft zu leisten (und zwar ausschließlich mir – er begibt sich niemals auf die andere Seite des Bettes), wird dies meistens von einem kleinen Maunzer begleitet, denn »Monsieur« erträgt es nicht, dass ich ihm den Rücken zuwende: es ist unerlässlich, dass ich ihm mit direktem Blickkontakt und einem lobenden Willkommensgruß zeige, wie dankbar ich für seine Anwesenheit bin! Oft erweist er mir diese Ehre bei Tagesanbruch, aber ich schlafe dann im Nu wieder ein, mit seiner Pfote auf meiner Wange und im Rhythmus seines Schnurrkonzertes … davon ausgehend, dass unser Morgenritual meinen Herrn Gemahl neben mir nicht aufgeweckt hat …

Meine Katzen,

meine Wonneproppen

• 14 •

DIE SPRACHE DER KATZEN

Wer auch nur ein wenig Ahnung von Katzen hat, ist sich im Klaren darüber, dass sie eine Menge von dem verstehen, was man sagt, und dass sie auch selbst einiges zu erzählen haben! Katzen sind hervorragende Zuhörer und können sogar wunderbar plaudern – sie passen sich oftmals in geradezu erstaunlicher Art und Weise an die menschliche Form der Konversation an …

Die Kunst der
Konversation

Ich habe nie das Problem, dass ich Selbstgespräche führen müsste – obwohl ich nicht schnurre und nicht miaue, verstehen meine Katzen und ich uns ganz wunderbar!

Und selbst wenn ich mich ausgiebig mit meinen Katzen unterhalte, kann ich Ihnen versichern, dass ich keineswegs einen Sprung in der Schüssel habe!

Ich verbringe viel Zeit damit, mit meinen Miezen zu plaudern. Und eine bemerkenswerte und überaus wichtige Tatsache ist: Sie sind immer meiner Meinung – zumindest sie!

Sie antworten mir nicht in menschlichen Worten (zumindest noch nicht, aber ich arbeite daran!), sondern durch ihre Reaktionen, durch ihre Mimik und durch ihr Miauen. Ich kann mit Sicherheit sagen, dass ihre Haltungen und Gesten allesamt Ausdruck unserer Unterhaltungen sind.

Die Katze kann sich eine bestimmte Anzahl von Wörtern merken, je nachdem, was wir ihr beibringen. Am Wichtigsten ist zunächst der Name unserer Katze. Daher ist es ratsam, nicht verschiedene Namen (oder Spitznamen) für sie zu verwenden, da sonst die Gefahr besteht, dass sie den Namen nicht als ihren wahrnimmt – und auch Sie selbst ihn mit der Zeit vergessen.

Ich wähle einen einfachen, relativ kurzen Namen, der aus einer oder wenigen Silben besteht, da dies am prägnantesten ist. Der aus mehreren Worten bestehende Familienname meiner Vogue findet sich nur in ihrem Stammbaum: Eigentlich heißt sie »Vogue du Bonheur de vivre«, aber das ist im Prinzip viel zu lang.

Und Glamour rufen wir meist unter dem Spitznamen »Glagla«, was im Französischen so viel wie »eisgekühlt« bedeutet, und da er schneeweiß ist, passt dieser Kosename perfekt zu ihm!

Wenn ich eine meiner Katzen rufe, kommt sie sofort, und niemals erscheint eine andere als die, die ich beim Namen nenne ... ein offensichtlicher Beweis dafür, dass meine Katzen ihren Namen sehr wohl kennen.

Und falls einer meiner Stubentiger einmal nicht auf mein Rufen reagiert, dann einfach deshalb, weil er gerade anderweitig beschäftigt ist und beschlossen hat, sich taub zu stellen ...

KLEINES LEXIKON DER KATZENSPRACHE

Hier die Liste der Wörter oder Sätze, die meine Katzen perfekt verstehen und die es mir erlauben, mit ihnen zu kommunizieren:

- »So ein Fein«: Als Ergebnis legt sich die Katze auf den Rücken und wartet auf ihre Streicheleinheiten von mir.

- »Zu Tisch«: Man eilt herbei, so rasch man kann …

- »Sitz«: Man setzt sich dem Frauchen zu Füßen, um eine Belohnung zu erhalten. Es dauert eine gewisse Zeit, einer Katze dieses Kunststück beizubringen. Werden Sie nicht ungeduldig – eine Katze ist kein Hund!

- »Körnchen«: Das Zauberwort schlechthin …

- »Hähnchen«: Ein spezielles Wort für Harper's, der nach Hähnchenfleisch noch viel verrückter ist als nach Leckerlis.

- »Wasser«:Ein Wort, das Glamour besonders liebt, denn dann weiß er, dass er zum Wasserhahn kommen und sich nach Lust und Laune bedienen kann.

- »Aufs Land«: Meine Miezen wissen dann, dass wir aufs Land fahren.

- »Paris«: Meine Katzen verstehen, dass wir ins Auto steigen und die Rückreise antreten.

- »Spielstunde«: Unsere Stubentiger begreifen sofort, dass es jetzt Zeit zum Spielen ist!

- »Gschhh! Das ist verboten«: Meine Miezen verstehen, dass sie ausgeschimpft werden, wenn sie so weitermachen.

- »Aus, basta!«: Das Spiel/die Mahlzeit ist beendet …

- »Bravo«, in Verbindung mit ein wenig Beifallklatschen: Sie wissen, dass sie gerade einen Rekord aufgestellt und etwas ganz Großartiges geleistet haben.

- »Foto«: Meine Katzen kapieren, dass sie sich ruhig halten und artig die Pose vor dem Objektiv des Fotografen einnehmen sollen. Vogue ist die Königin dieser Disziplin, sie liebt es, sich fotografieren zu lassen.

- »Ins Bett« oder »Schlafen«: Diese Worte sage ich jeden Abend, und unabänderlich starten dann zwei unserer Miezen den Wettlauf ins Schlafzimmer, denn was gäbe es Gemütlicheres als ein Bett! Glamour zieht nachts den Sessel im Flur als Schlafplatz vor, er besucht mich erst morgens im Bett und kuschelt sich an meine Seite.

- »Aufstehen«: Wie uns Menschen fällt auch Katzen an manchen Tagen das Aufstehen schwerer als an anderen, und Glamour aus dem Bett zu locken, ist manchmal fast ein Ding der Unmöglichkeit! Wenn ich jedoch rufe »Aufstehen, es ist höchste Zeit!«, dann öffnet Glamour die Augen. Er steht jedoch nie sofort auf, das wäre ihm viel zu stressig, er zieht es vor, noch ein wenig zu dösen. Ich gebe ihm stets noch zehn Minuten, denn meine goldene Regel lautet, dass man eine Katze niemals zu irgendetwas drängen soll.

Katzenspiele

nach Lust und Laune

Spielen ist ein wichtiger Zeitvertreib für Katzen, und ganz besonders für Wohnungskatzen, die nicht so viele andere Gelegenheiten haben, sich auszutoben. Improvisieren Sie nach Lust und Laune: Werfen Sie Gummibälle, wedeln Sie mit Schnüren und loben Sie Ihre Miezen, wenn ihnen ein Fang gelungen ist. Liebkosen Sie sie, applaudieren Sie – und der Spaß ist garantiert!

SPIELSTUNDE

Ich wähle vorzugsweise regelmäßige Zeiten für die Spielstunde, hauptsächlich am Abend, und zwar nicht deshalb, weil sie diese Uhrzeit bevorzugen würden, sondern weil ich dann Zeit für sie habe!

Bei uns ist diese Verabredung schon ein echtes Ritual. Sie warten bereits ganz ungeduldig, bis ich mich zu ihnen auf den Boden setze und die Schatzkiste öffne. Sie ist gefüllt mit Bällen und Stoffmäusen, mit Quietsche-Spielzeug und überhaupt mit einem Sammelsurium aus weichen, rauen, aber auch rollenden Gegenständen und anderen, die umfallen, sich drehen … Kurz und gut, mit tausenderlei Dingen, die Katzes Aufmerksamkeit erregen.

MEINE GOLDENE REGEL

Von dem Moment seiner Ankunft an ist es unerlässlich, mit dem Kätzchen sanft zu sprechen, es regelmäßig beim Namen zu rufen und es mit einem Leckerli zu belohnen, wenn es auf die Worte hört. Sie sollen aber nicht in Babysprache mit ihm sprechen, sondern sanft und normal. Auch ständige Wiederholungen sind nicht nötig! Schreien Sie niemals seinen Namen, sonst wird es glauben, dass Ihre Worte eine Bestrafung bedeuten, es wird Angst bekommen, und Sie haben dann kein Mittel mehr, sich mit ihm auszutauschen und zu unterhalten. Das führt dazu, dass Ihre Katze stumm und ängstlich wird.

Ich sorge dafür, dass beim Spielen jede Katze abwechselnd an die Reihe kommt.

Meine Miezen haben die Angewohnheit, dass sie alle gleichzeitig den Ball erwischen wollen, sodass ein hübsches Kuddelmuddel entsteht, wenn sie über das Parkett schlittern, ganz zu schweigen von der Gefahr, dass sie sich mit den Krallen im Teppich verheddern können … Aber es sind eben keine Plüschtiere, sondern kleine »Raubkatzen«!

Alles muss unter Kontrolle bleiben, und aus diesem Grund habe ich für diese ausgelassenen Momente einen Platz gewählt, der weit von Porzellan und anderen empfindlichen oder zerbrechlichen Objekten entfernt ist. Mir erscheint die Diele der ideale Ort dafür.

Man kann auch selbst Spielsachen für seine Katzen in Handarbeit herstellen. Ich habe beispielsweise einen Sektkorken an einer Schnur befestigt, und im Nu kann das schönste Spiel beginnen. Letztendlich ist es wie bei Kinderspielzeug: je einfacher etwas ist, umso besser funktioniert es! Aber Vorsicht vor gefährlichen Materialien!

MEINE GOLDENE REGEL

Ähnlich wie Kinder lieben auch Katzen die Abwechslung und ein neues Spielzeug wird schnell langweilig … Die Katze wünscht sich sehr rasch einen neuen Zeitvertreib und ein neues Spielzeug, also muss man zu etwas anderem übergehen, und das gerade verwendete für später aufbewahren: denn nach einiger Zeit wird sie mit Freuden erneut damit spielen. Deshalb ist eine umfangreiche Spielzeugsammlung auch so eine feine Sache.

EINE SPIELZEUGKISTE FÜR DIE KATZE

Es ist schade, aber die Auswahl an Katzenspielzeug ist weitaus weniger umfangreich als die an Hundespielzeug – meiner Meinung nach eine echte Marktlücke, denn auch Katzen haben einen ausgeprägten Spieltrieb.

Ich sammle große Schachteln, um darin alle Spielsachen unterzubringen, die ich für meine Katzen zusammentrage. Jede Reise in ein fremdes Land bietet eine gute Gelegenheit, eine Neuheit für meine Miezen aufzuspüren – wie ein kleines Souvenir, das man seinen Liebsten mitbringt.

Japan ist und bleibt definitiv ein Paradies für Katzenspielzeug. Dort gibt ganz unglaubliche Dinge, wie das Fangspiel »Catch Me If You Can«, das bei uns mitten im Esszimmer steht aber versteckt wird, sobald Gäste kommen – denn das Ding passt optisch nicht wirklich zu unserer Einrichtung. Es handelt sich dabei um eine kreisrunde Decke mit einer batteriebetriebenen, sich bewegenden Kugel darunter, und unsere Katzen lieben es. Oder die Spielzeug-Angel mit einer kleinen Quietsche-Maus daran, die zu fiepen beginnt, sobald sie den Boden berührt. Ähnliches gibt es auch in Frankreich, aber nicht in dermaßen guter Qualität!

In der »Schatzkiste« finden sich außerdem: Eine ganze Sammlung von Fischen, Bären, Mäusen und anderen Spielzeugen, die mit Katzenminze gefüllt sind und die Fähigkeit haben, unsere Miezen in weniger als einer Sekunde in Trance zu versetzen, sowie eine bunte Sammlung kleiner, weicher Gummi- oder Schaumstoffbälle.

All diese Schätze werden in der magischen Kiste aufbewahrt, die wir regelmäßig öffnen, um daraus das für den Augenblick gerade passende Spielzeug hervorzuholen.

»KÖRNCHENJAGD«

Ich habe nicht vergessen, dass es sich bei meinen Miezen um kleine Raubkatzen handelt, die ihren Jagdinstinkt bewahrt haben – auch wenn sie jetzt zu Stubentigern geworden sind.

Ein Tierarzt, dem ich vor ziemlich langer Zeit begegnet bin, hat mich auf eine gute Idee gebracht. Ich gebe ein paar »Körnchen« (Trockenfutterstückchen oder gesunde Leckerlis für Katzen) in einen Messbecher und schüttle ihn, sodass ein interessantes Geräusch zu hören ist; es lockt sofort meine Katzen an, die nun wissen, dass die »Körnchenjagd« beginnt. Dann werfe ich eines der »Körnchen« und warte, bis eine der Katzen es erwischt und mit Genuss verspeist hat.

Ich veranstalte diese Vergnügung aber nicht zur Essenszeit, sondern in der Spielstunde … Ich werfe immer jeder Katze ein »Körnchen« zu. Und wenn eine meiner Katzen »indisponiert« ist und lieber weiterhin Siesta hält, zwinge ich sie keineswegs, an der Körnchenjagd teilzunehmen. Ich bin absolut überzeugt davon, dass man eine Katze niemals zu etwas drängen sollte – ich halte viel von diesem Konzept, denn es wäre auch vollkommen ausgeschlossen, mich zu etwas zu zwingen, auf das ich keine Lust habe!

»SUCH MICH«

Dieses Versteckspiel empfehle ich besonders für junge Kätzchen, denn sie sind davon ganz begeistert. Das Spiel hat auch den Vorzug, dass das Jungtier mit seinem Namen vertraut gemacht wird. Je älter sie werden, um so mehr verlieren meine Miezen das Interesse an diesem Spiel, daher sollte man die Zeit nutzen, solange sie klein sind. Das Spiel besteht darin, dass man sich hinter einer Tür versteckt und leise ruft. Die Katze wird Sie dann suchen, natürlich geleitet vom Klang Ihrer Stimme, und Sie werden sehen, wie sie auf Samtpfoten heranschleicht und Ihnen ihre Schnauze entgegenstreckt, voll echter Freude darüber, dass Sie sie gefunden hat. Und zur Belohnung wird sie neben Ihrem großen Lob mit Sicherheit ein paar Streicheleinheiten und ein Leckerli entgegennehmen! Ich wiederhole das Spiel zwei- oder dreimal pro Spielstunde.

DIE SPIELREGELN

Die Katze möchte das Spiel gewinnen; nur unter dieser Bedingung macht ihr das Spielen Spaß, das ist ebenso wie bei uns Menschen auch. Sie braucht schon nach wenigen Minuten das Erfolgserlebnis, zu wissen, dass sie ihre Sache gut gemacht hat. Ich zeige es ihr damit, dass ich ihr durch leichtes Klatschen Beifall bekunde und sie begeistert lobe – was meine Mitmenschen vielleicht lächerlich finden, meine Katzen aber tierisch freut …

Seien Sie konsequent, achten Sie beispielsweise darauf, dass Sie den Ball nicht auf das Sofa werfen, das für die Katze ansonsten tabu ist. Denn wie soll sie kapieren, dass sie zwar zum Spielen, nicht aber zum Schlafen auf das »verbotene« Sofa springen darf?

Und wenn Sie beim Spielen den Ball hinter die prächtigen Seidengardinen im Wohnzimmer werfen, haben Sie es selbst zu verantworten, wenn sich Ihr süßes Kätzchen schnell wie der Blitz mit ausgefahrenen Krallen auf Ihre wunderbaren Vorhänge stürzt … da hilft es rein gar nichts, im Nachhinein Schreckensschreie auszustoßen – für dieses Fiasko sind Sie ganz allein verantwortlich!

Sie müssen also Vernunft walten lassen und immer darauf achten, all Ihre Bewegungen unter Kontrolle zu haben: denn, wenn es beim Spielen zu einem Unglück kommt, dann ist das allein Ihre Schuld!

Meine Samtpfötchen,

komplett verspielt

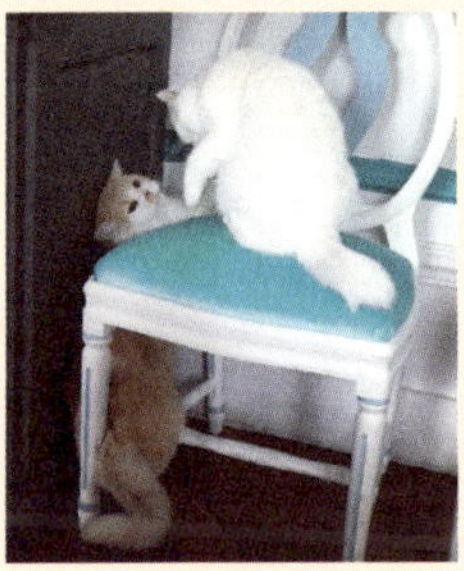

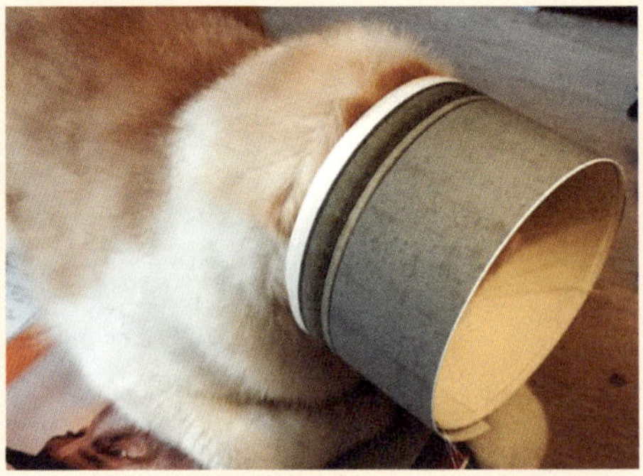

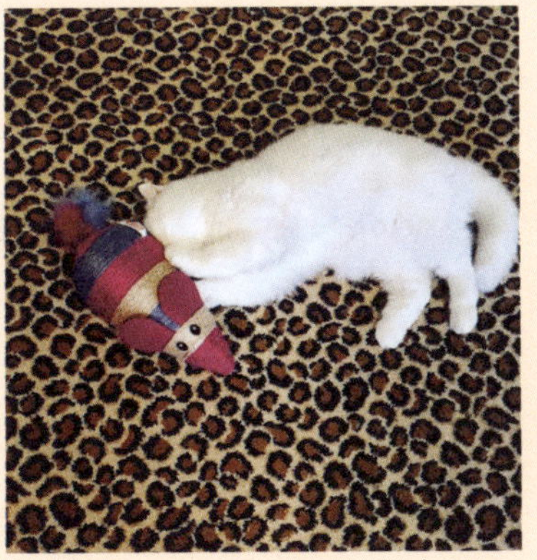

• 15 •

ICH BIN ALLERGISCH, ABER ICH TUE ETWAS DAGEGEN!

Wenn man Katzen liebt, muss man seine Allergie besiegen, denn das Schnurren einer Katze entschädigt tausendfach für jedes juckende Auge. Ich lasse mich sicher nicht durch solche Kleinigkeiten von meiner Katzenliebe abbringen und bin überzeugt davon, dass es für jedes auch noch so haarige Problem eine Lösung gibt …

Kein Grund
zur Panik

Seit meiner Kindheit bin ich allergisch gegen Tierhaare und Hausstaubmilben.

Dennoch lebte ich immer mit Haustieren zusammen, meistens Katzen und gelegentlich auch mit einem Hund.

Ich möchte Ihnen jetzt nichts über Hausstaubmilben erzählen, zumal die Mittel, um sie auszurotten ganz einfach sind: es genügt, die Wohnung perfekt staubfrei zu halten, in allen Ecken und Winkeln. Und Reinemachen ist ebenfalls die beste Basis, um einer Tierhaarallergie abzuhelfen.

Zuhause erfolgt die Jagd nach Staub und Katzenhaaren jeden Tag aufs Neue, Feiertage inklusive, da gibt es keine Auszeit.

Was die Katzenhaarallergie betrifft, so erweist sie sich als etwas komplexer zu behandeln als andere Allergieformen. Um dieses Handikap zu überwinden, habe ich mich, wie es viele tun, einer Desensibilisierung unterzogen, und das hat erfreulicherweise tatsächlich gut funktioniert!

Dieser Erfolg ist sicher auch meiner Hartneckigkeit zu verdanken, aber ich muss gestehen, dass ich mich mehreren Desensibilisierungen unterzogen habe, und zwar nach jeder Ankunft eines neuen Kätzchens. Davor erlitt ich systematisch einen Rückfall, da ich nicht an die Haare des kleinen Neulings gewohnt war. Ich wurde täglich von Asthmaanfällen und Niesattacken gequält, verbrauchte durchschnittlich zwei große Kartons Papiertaschentücher pro Tag, und meine Augen waren so rot und geschwollen, als wäre ich gerade aus einem Boxring gestiegen …

EINE KATZENHAARFREIE WOHNUNG!

- Den Fusselroller von Muji® kann man auf einen kurzen oder langen Teleskopgriff befestigen, um damit Fasern, Fussel, Katzenhaare oder Haare auf glatten oder rauhen Oberflächen aufzunehmen (www.muji.eu)
- Mit dem Tierhaarstaubsauger von Dyson® lassen sich Katzenhaare effektiv entfernen (www.dyson.de)

Meine Allergologin ist fantastisch

Meine Allergologin hat mir noch nie davon abgeraten, mit Tieren zu leben, und deshalb ist sie einfach großartig!

Bei jeder Ankunft eines neuen Katzenbabys unterzog ich mich wieder ein ganzes Jahr lang einer Desensibilisierung. In letzter Zeit stelle ich jedoch mit Freuden fest, dass ich praktisch nicht mehr allergisch bin ... Es muss ja auch einen kleinen Vorteil haben, älter zu werden!

Der einzige kleine vorübergehende Rückfall, den ich erlitten habe, ist die Folge meiner zahlreichen Geschäftsreisen, die ich natürlich ohne meine Miezen machen muss! Ich bemerkte, dass bei meiner Rückkehr, trotz meiner Riesenfreude, wieder bei ihnen zu sein, die Allergie manchmal einen Tag lang erneut in Erscheinung trat.

Also, wenn Sie sich wirklich eine Katze wünschen, dann gönnen Sie sich diese Freude. Eine Allergie muss dabei kein Hindernis sein. Ich rate Ihnen, einen guten Allergologen zu konsultieren und umgehend mit der Desensibilisierung zu beginnen, sobald das Kätzchen da ist.

EIN GUTER TRICK

Um Rückfälle zu vermeiden, habe ich einen kleinen Trick: Ich trage immer ein Knäuel aus den Haaren meiner Katzen nahe am Körper bei mir und hüte es sorgsam wie eine Reliquie. Es ist bunt-rot-weiß-grau-getigert. Diese Kugel habe ich auf all meinen Reisen bei mir. Das klingt ein wenig nach Zauberei, aber es funktioniert bei mir hervorragend. Nach meiner Rückkehr von der Reise geht es meist ganz ohne Papiertaschentücher!

Es scheint, dass bestimmte Kurzhaar-Katzenrassen weniger Allergien auslösen als andere. Dazu gehören die sehr schöne Russisch Blau und meine Favoritin, die nahezu haarlose Sphynx-Katze. Viele finden sie etwas gruselig, ja sogar furchterregend, ich dagegen finde sie umwerfend! Offenbar gehört sie zwar zu den Katzen, die für Allergiker besser geeignet sind, braucht aber dafür sehr viel Pflege und Extras, wie etwa wärmende Mäntelchen im Winter, und sie verträgt auch keine Sonne … eine Katze ohne Fell macht letzten Endes also auch Arbeit!

MEINE RATSCHLÄGE ALS ALLERGIE-SPEZIALISTIN

- Bei der Ankunft eines Kätzchens in einem Allergiker-Haushalt ist es anfangs unerlässlich, sich nach jedem Streicheln gründlich die Hände zu waschen.
- Man muss auch vermeiden, mit dem Gesicht dem Fell des Kätzchens zu nahe zu kommen, was Sie jedoch keinesfalls davon abhalten sollte, es in den Arm zu nehmen oder auf Ihren Schoß zu setzen.
- Nach jedem Knuddeln mit dem Kätzchen ist es unerlässlich, die auf der Kleidung befindlichen Katzenhaare mit einer Bürste zu entfernen und Hände und Gesicht mit Wasser abzuwaschen. Für einen Erwachsenen ist eine Katzenhaarallergie meiner Meinung nach kein so großes Handicap. Ich habe die Sache sogar als Kind in den Griff bekommen, und das ist ein Erfolg, über den ich sehr glücklich bin!

MEINE GOLDENE REGEL

Ein Allergikerhaushalt muss tipptopp sauber gehalten werden, es darf weit und breit nicht das geringste Katzenhaar zu finden sein, weder auf dem Teppich noch auf den Sofas, Betten oder anderswo! Das ist ein hartes Stück Arbeit – vor allem dann, wenn man mehrere Katzen hat, aber es ist die einzige Lösung … Dank moderner Haushaltsgeräte ist es heute einfacher als früher, trotz Allergie harmonisch mit seinen Katzen zusammenzuleben! Es gibt eine ganze Reihe von hilfreichen Accessoires, die das Leben leichter machen!

Freunde

auf Instagram

Tigre

Boris

Lulu

Alexis und Papillon

Yuzu

Této

Yoda

Marius und Platon

Komugi und Kemada

Tigre

Gaby und Hercule

Hermès

Lilou

Le chat du bureau

Bia Alias

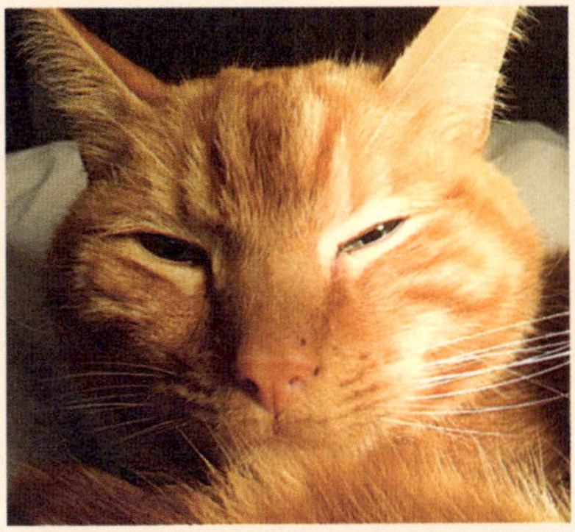

Dragée

Marcel und Albert

Rose

Dank

Ein riesiges Dankeschön an Fabienne Kriegel, Valerie Tognali und Sabine Houplain, dem Dreamteam von Éditions du Chêne!

An unseren Fotografen, Monsieur Takeda, der seit Jahren die Porträtbilder meiner Katzen schießt!

An alle meine Freunde und deren Lebensgefährt(inn)en: Megumi, Marie Chantal, Akiko, Jade. Olivier und Gaël, Alexis, Keiko ...

An unsere wunderbare Tierärztin, Frau Dr. Hania, an meinen Ehemann Bruce Thomass ... und natürlich an meine Katzen: Vogue, Glamour, Harper's (und Bazaar), für die Liebe, die sie mir Tag für Tag schenken (und geschenkt haben)!

in der Verlagsgruppe Random House GmbH
Neumarkter Straße 28 · 81673 München

Die Originalausgabe erschien 2017 bei Éditions du Chêne – Hachette Livre unter dem Titel
Mon Catbook: Comment faire de son chat l'être le plus indispensable et le plus chic de la maison.
Texte: Safia Thomass-Bendali; Illustrationen: Sophie Bouxom

Projektleitung: Julie Kiefer
Übersetzung aus dem Französischen: Gina Beitscher, Weißach
Lektorat, Satz und Korrektorat: VerlagsService Dietmar Schmitz GmbH, Heimstetten
Art-Direktion: Sabine Houplain
Gestaltung: Elsa Antoine
Covergestaltung: Cornelia Niere, München
Herstellung: Friederike Schirge
Druck und Bindung: Graficas Estella

Gedruckt in Spanien

ISBN 978-3-7913-8499-3

www.prestel.de